彩图 5-1　客厅的设计是以典雅、自然的风格为主

彩图 5-2　客厅以壁炉为视觉中心

彩图 5-3　主卧室以简洁明快为主

彩图 6-1 以暖色调为主的居室

彩图 6-2 高明度、高纯度的颜色给人以凹凸感

彩图 6-3　有光泽、坚硬给人以重的感觉

彩图 6-4　低明度的家具具有收缩感

彩图6-5　以女性顾客为主体的
摄影楼

彩图6-6　以高调为主的办公空间

彩图 6-7　利用对比色的关系进行建筑装饰设计

彩图 6-8　加大室内色彩的级差，使色彩更加生动

彩图 6-9　居室室内色彩丰富、个性突出

彩图 6-10　以暖色调为主的室内色彩

彩图 6-11　以冷色调为主的室内色彩

彩图6-12 以灰色调为主的室内色彩

彩图6-13 浅色主基调与深色家具对比

彩图6-14 充满人情化的交通空间

彩图 6-15 色彩层次分明的
居住空间

彩图 6-16 色彩丰富
地餐厅空间

普通高等教育"十五"国家级规划教材

教育部高职高专规划教材

建筑装饰设计（第二版）

（建筑装饰技术专业适用）

本系列教材编审委员会组织编写

吴龙声　主编

李　宏　田业玲　编

中国建筑工业出版社

图书在版编目(CIP)数据

建筑装饰设计/吴龙声主编. —2版. —北京:中国
建筑工业出版社,2004(2023.2重印)
建筑装饰技术专业适用
普通高等教育"十五"国家级规划教材
教育部高职高专规划教材
ISBN 978-7-112-06056-6

Ⅰ.建… Ⅱ.吴… Ⅲ.建筑装饰-建筑设计-高
等学校:技术学校-教材 Ⅳ.TU238

中国版本图书馆 CIP 数据核字(2004)第 009937 号

普通高等教育"十五"国家级规划教材
教育部高职高专规划教材

建筑装饰设计(第二版)
(建筑装饰技术专业适用)
本系列教材编审委员会组织编写
吴龙声 主编
李 宏 田业玲 编

*

中国建筑工业出版社出版、发行(北京西郊百万庄)
各地新华书店、建筑书店经销
廊坊市海涛印刷有限公司印刷

*

开本:787×1092毫米 1/16 印张:13¼ 插页:4 字数:322千字
2004年3月第二版 2023年2月第二十二次印刷
定价:**25.00**元
ISBN 978-7-112-06056-6
(20929)

本社网址:http://www.cabp.com.cn
网上书店:http://www.china-building.com.cn

本书是根据建筑装饰技术专业的教学大纲编写的。全书共分为8章，主要内容有：建筑装饰设计的内容与分类，发展过程及流派，课程的学习特点与设计程序，建筑装饰设计与人体工程学，建筑装饰设计与室内空间，室内界面，室内色彩，室内照明，室内景观设计以及相应的建筑装饰工程典型实例分析等。

　　本书适宜作高职高专建筑装饰技术专业教材，也可作为建筑装饰企业项目经理、设计人员、施工人员的岗位培训教材和实用参考书。

＊　　　＊　　　＊

　　责任编辑：朱首明　杨　　虹
　　责任设计：崔兰萍
　　责任校对：王金珠

教育部高职高专规划教材（建筑装饰技术专业）
编审委员会名单

主任委员：杜国城

副主任委员：梁俊强　欧　剑

委　　员：（按姓氏笔画为序）

马松雯　王丽颖　田永复　朱首明　安素琴

杨子春　陈卫华　李文虎　吴龙声　吴林春

张长友　张新荣　周　韬　徐正廷　顾世全

陶　进　魏鸿汉

4

第二版前言

建筑装饰设计是环境艺术的一部分，与建筑设计有着密切的关系。一座建筑物包含着内、外空间两个基本环境。建筑装饰设计必须在充分理解建筑设计构思、意图的基础上运用灵活多变的设计手法对这两个基本环境的塑造加以深化、调整、充实和发展，不断提高空间环境的物质质量，达到美观、新颖并赋予一定的内涵，体现时代气息，加上声、光、电和通风的配合，创造出更为完美的空间环境。

建筑装饰设计是一门涉及多门学科的复合性学科，其设计范围很广泛，本教材限于篇幅，着重讲述建筑内部空间的装饰设计原理、共同规律和设计方法，结合每章的复习思考题、典型工程实例的分析及不同类型设计课题大作业的练习，将原理、规律、方法与能力培养有机揉合，从而给学生一个完整的知识结构和能力结构，达到融会贯通、举一反三的目的。

本教材区别于一般专著的编写方法，突破本科教材的编写模式，既具有教材属性又不是本科教材的浓缩。原理、规律以够用为度，着重典型工程实例分析和几个大作业的练习，提高学生的动手能力。本教材集设计原理论述与设计于一体，充分体现专科教材特点。适宜作大、中专建筑装饰专业、职业高中教材，也可作为建筑装饰企业项目经理、设计人员、施工人员的岗位培训教材和使用参考书。

本教材2002年被教育部审批为"十五"国家级规划教材后，为了进一步提高教材的编著质量，紧跟行业发展的步伐，结合当前建筑装饰设计市场新的设计方法与风格和新材料、新工艺在设计中的应用，同时在收集十几所高职院校使用本教材的反馈意见的基础上，重点对教材中第5章"室内界面"及第6章"室内色彩"进行了较大的修改与补充，此外，对第7章"室内照明"也做了少量的修改和完善。此次修订过程得到了很多部门和同志的支持与帮助，谨致谢意！由于编者水平有限，对教材中的缺点、错误，恳请同行、读者批评指正。

本教材第1、2、3、4章由扬州大学吴龙声副教授编写，第5、6章由黑龙江建筑职业技术学院李宏副教授编写，第7、8章是由重庆建筑专科学校田业玲副教授编写。长春工程学院王丽颖副教授、张文胜建筑师审阅了本书。

第一版前言

　　建筑装饰设计（又称室内设计）是环境艺术的一部分，与建筑设计有着密切的关系。一座建筑物包含着内、外空间两个基本环境，建筑装饰设计必须在充分理解建筑设计构思、意图的基础上运用灵活多变的设计手法对这两个基本环境的塑造加以深化、调整、充实和发展，不断提高空间环境的物质质量，达到美观、新颖并赋予一定的内涵，体现时代气息，加上声、光、电和通风的配合，创造出更为完美的空间环境。

　　建筑装饰设计是一门多种学科的复合性学科，其设计范围很广泛，本教材限于篇幅，着重论述建筑内部空间的装饰设计原理、共同规律和设计方法，结合每章的复习思考题、典型工程实例的分析及不同类型设计课题大作业的练习，将原理、规律、方法与能力培养有机揉合，从而给学生一个完整的知识结构和能力结构，达到融会贯通、举一反三的目的。

　　本教材区别于一般专著的编写方法，突破本科教材的编写模式，既具有教材属性，又不是本科教材的浓缩。原理、规律以够用为度，着重典型工程实例分析和几个大作业的练习，提高学生的动手能力。本教材集设计原理论述与设计于一书，体现专科教材特点。适宜作大、中专建筑装饰专业、职业高中教材，也可作为建筑装饰企业项目经理、设计人员、施工人员的岗位培训教材和实用参考书。

　　本教材1、2、3、4章由扬州大学吴龙声副教授编写，5、6章由黑龙江建筑职业技术学院李宏副教授编写，7、8章由重庆建筑专科学校田业玲副教授编写。长春建筑高等专科学校王丽颖副教授、张文胜建筑师审阅了本书，并提出宝贵意见。本教材在编写过程中得到了很多部门和同志的支持与帮助，在此特向他们致以谢意。

　　由于编者水平所限，对教材中的缺点、错误，恳请同行、读者批评指正。

目　　录

第1章 绪 论

创造乃是人类智慧的灵魂，没有什么比创造更能推动社会进步了。今天建筑装饰作为一门独特的艺术与技术相结合的学科为人们所接受，建筑装饰所体现的已不是仅为实用的物质存在，而是具有艺术欣赏价值和表现个性气质有生命的环境艺术品，建筑装饰的设计工作正是为了达到这一目的的创造性活动。

由于建筑装饰设计工作是一项艺术性很强，技术要求十分精巧的创造性劳动，加之应用的范围非常广泛，内容和表现形式的多种多样，相应要求设计师具有丰富而广博的知识，较高的艺术修养，敏锐的感受和解决实际问题的能力。本门课程的学习，是未来设计师逐步具备以上素质的必由之路，通过学习、训练、实践、积累打下扎实的基础，以便尽快适应即将到来的实际设计工作。

第1节 建筑装饰设计在生活中的作用

建筑是人类通过对自然界的改造而创造的适合人居特点或是具有某种用途的人工环境。随着人们物质生活水平的提高，许多建筑在满足使用功能的前提下，通过对建筑的体形、比例、空间组合以及室内的尺度、造型、色彩、质感的精心设计与处理，使建筑物变为一种艺术品，具有了审美观赏的价值。

建筑装饰即是对建筑的美化。建筑装饰兼具建筑艺术和造型艺术的特征。所谓建筑装饰设计是指：为满足人们的生产、生活的物质要求和精神要求所进行的理想的建筑内部环境和外部环境设计。本教材主要研究建筑内部环境的设计，有时又称为室内设计。

建筑的内部环境可分为私密环境和非私密环境两大部分。再细分可分为个人、家庭、社会、工作四个方面。这四个方面的错综复杂的发展和变化构成了人类的主要生活空间。随着时代的发展，人们的生活节奏不断加快，这就要求有新的与之适应的空间环境和相应高效率的设施。如何将上述复杂要求统一在内部环境中，这就是建筑装饰设计的主要任务。现代生活离不开上述四种错综复杂的关系。所以，在它的制约下，建筑装饰设计计划和设计工作就显得非常必要了。

建筑装饰设计在生活中的作用有两方面：

（1）物质使用功能方面。即满足室内环境各种生活条件以提高物质生活水准。最大限度地应用现代科学技术的先进成果，满足人的生理方面对室内空间环境的要求。这是建筑装饰设计的前提，是必须做到的。

（2）精神品位方面。建筑装饰设计也在为人们进行精神环境方面的审美形式的创造，营造出一种氛围，让它具有灵性生活的价值，从而对保障人们的身心健康发展和表现不同使用功能与使用者的情调内涵具有重要意义。

物质功能、精神品位两方面作用的相互关系：

建筑装饰设计中，不重视物质使用功能，会导致生活失去秩序和条理，使实用效能降低，给生活带来诸多不便，不重视精神品位方面的创造，会导致人的身心向不良方面发展，使生活无味、单调、平庸，生活空间环境变丑。正确的关系应是通过建筑装饰设计怎样使有限的空间获得无限的创意，以最少的投入换取满意的功效，具体如图1-1所示。

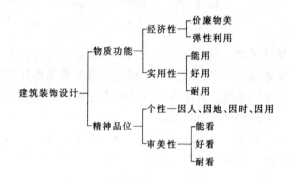

图 1-1　建筑装饰设计在生活中的作用

综上所述，建筑装饰设计必须做到物质为用，精神为本，以有限的物质条件，创造出无限的精神价值。例如，设计中通过合理的家具、陈设选择，良好的通风、采光和上下水等等满足人们物质使用功能方面的需要。此外，装饰设计在室内环境空间的序列、分隔的处理，形式美法则的运用，室内色彩的选配等方面所进行的处理使人身心得到平衡，情绪得到调解，感官得到愉悦，从而满足了精神品位方面的需要。

目前在社会上有一种偏见或是误解，某些人一说到装饰设计就理解为豪华材料的堆砌以及物质生活的奢侈。其实，不分场合的挥霍，真是"画虎不成反类犬"，是背弃设计真谛的，也和我国的国情很不相符。香港建筑师何弢先生曾经说过："多花钱不一定能得到美。墙上贴上很贵重的墙纸；木头全部雕花；画上龙龙凤凤的所谓民族风格，钱用的不少，可不一定美。……我自己的事务所，就用内地来的白杨地板，便宜得不得了，没人用，我就来用，涂一点清油，很有气氛，省了许多钱。"所以作为设计师，要动脑筋，在经济许可的条件下去选择材料，并与功能、环境、气氛协调了，这样的设计就是好的、美的建筑装饰设计。

第2节　建筑装饰设计与建筑设计的关系

建筑装饰设计是在建筑师已给定的建筑空间形态中进行的再创造，所以建筑装饰设计和建筑设计是一个不可分割的整体。一方面，建筑设计是建筑装饰设计的基础；另一方面，建筑装饰设计是建筑设计的继续、深化和发展。从总体上讲，建筑设计和建筑装饰设计的概念在本质上是一致的，是相辅相成的，不能简单割裂的。建筑装饰设计师应加强建筑方面的修养，加深对建筑及建筑设计的理解，这样才能对建筑师的设计构思把握得准确，进而将其深化并表达。而建筑师也应了解建筑装饰设计的特点要求，在建筑设计时对空间环境要有大体构思并留有再创造余地，这样便可以给建筑装饰设计师提供良好的创作条件。所以，建筑装饰设计师和建筑师应积极主动进行联系与思想交流，从而共同创造出理想的建筑空间环境。

建筑装饰设计和建筑设计也是一对既有联系又有区别的概念。二者的共同之处是都要满足物质使用功能和精神品位要求，都受到经济、技术条件的制约，设计时都要运用一定的构图规律、视知觉规律和形式美法则等等。二者均要考虑所用材料的同步老化问题，这样可以便于更新设计。不同之处在于：建筑设计是设计建筑的总体和综合的关系，包括平面功能安排、组织，平面形式的确定，立面比例的推敲，空间体量的处理，最后确定建筑的外部体积和内部空间的形态和关系。而建筑装饰设计是设计给定的具体的空间环境，它和人的关系更为密切，所以设计时更重视生理效果和心理效果，通过造型、灯光、色彩、质感的设计，创造出理想的时空氛围，感染人的心灵，与人的心灵进行沟通和对话。它比建筑设计更加细致入微。建筑设计用材远没有建筑装饰设计用材丰富。由于考虑到室外风雨侵蚀、阳光照射的作用，建筑外表面材料通常用坚固耐久的面砖、铝板、涂料、玻璃等等。而室内材料可采用软质的织物、木料等。建筑装饰设计的参与，强化了建筑的气氛和意境，强化了建筑的空间序列及时空构成，使建筑更具审美价值；建筑装饰设计的参与，进一步保证了建筑的使用功能，保护了建筑的主体，使建筑更具装饰性。

当然，建筑装饰设计并不是只能消极、被动地适应建筑设计的意图，建筑装饰设计是一种再创造。图 1-2 将一陈旧礼堂改为画廊，在原结构不变的情况下，将礼堂改为两层，

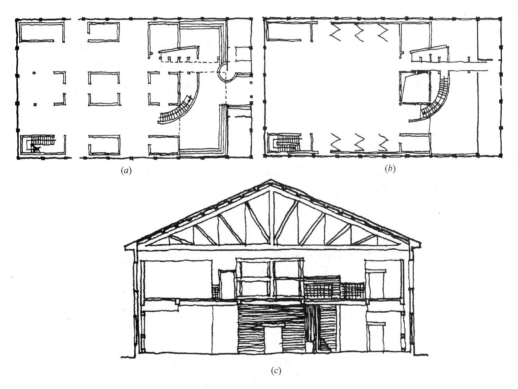

图 1-2 由陈旧礼堂改成的画廊
(a) 一层平面图；(b) 二层平面图；(c) 剖面图

首层作为展览空间，二层作为会议空间，在条件非常困难的情况下，成功地达到设计要求。一个建筑修养较高的建筑装饰设计师，甚至可以通过自己的精心构思与独到处理去改变或弥补建筑设计的缺陷或不足，所以说建筑装饰设计并不是被动地从属于建筑设计。

3

第3节 建筑装饰设计的内容和分类

一、建筑装饰设计的内容

在人类历史的长河中，人类要求生活更舒适、更适用的愿望，成为推动仅具有避难所功能的建筑不断发展的动力。现代建筑装饰设计必须进一步满足和利用这个动力将功能和美结合起来构成各种各样的空间。建筑装饰设计的内容概括地讲，就是为了满足人们生活、休息、工作和进行社会活动的需要，为了提高室内空间的心理和生理环境的质量，对建筑物内部环境进行的规划、布置和安排。

建筑内部环境可分为实质环境和非实质环境。

（一）实质环境

实质环境可分为两类：一是建筑物自身的构成要素，与建筑连成一体，不可任意移动，属于固定形态要素，例如：梁、柱、顶棚、地面、门窗等。二是室内一切固定或活动的家具摆放，例如：壁柜、桌椅、厨房设备及浴厕洁具等等。

（二）非实质环境

非实质环境是指与室内气氛有关的多种要素，如室内光环境、色彩、采光、通风和促进室内视觉美感的装饰要素。例如：墙面、地面、顶棚的饰面处理，室内的雕刻、壁挂等等。除此之外，还应注意对人体工程学的研究，因为建筑装饰设计的起点和终点都是人，能否满足人的心理、生理要求是评价一个设计好坏的重要标准。

二、建筑装饰设计的分类

通常，根据建筑的性质和使用功能要求的不同，建筑装饰设计分为两大类，即居住类建筑装饰设计和公共类建筑装饰设计（图1-3）。公共建筑类型虽多，但各种类型中相同的

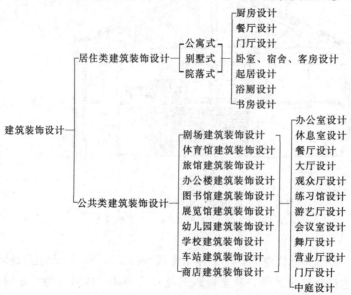

图 1-3 建筑装饰设计的分类

空间环境却是不少的，如办公室、门厅、练习馆等等。所以作为设计师，重要的是掌握设计的方法、原则，然后加以灵活的运用。

第4节　建筑装饰设计的发展过程及流派

一、建筑装饰设计的发展过程

前文已述，建筑装饰设计和建筑设计是一个有机的整体，所以建筑装饰的历史与建筑的发展演变密不可分，甚至可以说是同步一致的。

我国西安半坡村出土的原始社会遗址，原始人通过简单的平面图形除解决好功能问题外还注意空间的合理。如图1-4所示，室内圆坑是原始人用来煮食物和取暖的，所以位置居中且靠近门口，使外面进来的冷风经过加热保持室内良好的温度。

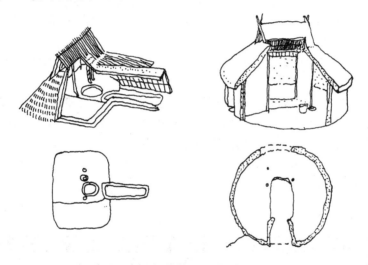

图 1-4　西安半坡村原始人住房

我国传统木构架的特点是梁柱承重而墙体仅起围护作用，如图1-5所示。我国传统木构架建筑梁柱承重，轻盈起翘，通透旷达，内部空间自由度大，并经常利用屏风、博古架、中堂、门罩等构件对空间进行划分与组合。另外，通过大量建筑装饰构件，如雀替、匾额、搏风、挂落、藻井等等，以及室内家具陈设、古玩器皿、装裱字画等，对室内外环境进行美化，从而烘托出古朴典雅、含蓄宁静的东方风格。图1-6为故宫养心殿室内透视图。

西方古典时期是以古希腊和古罗马为代表的，古典柱式（多立克、爱奥尼、科林斯、塔斯干、混合式）以及家具、雕塑等构成了室内空间的基调——庄严中而不失纤细，图1-7所示为古罗马风

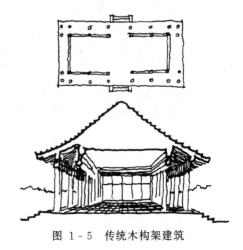

图 1-5　传统木构架建筑

格的室内，厚重而有力度，端庄而细致。

图 1-6 故宫养心殿室内　　　　　图 1-7 古罗马风格的室内

公元15世纪初，以意大利为中心的文艺复兴运动，强调了人替神权，提倡人文主义，使建筑、雕刻、绘画等艺术取得了辉煌成就。建筑装饰以新的手法，既有稳健气势又有华丽的形象，并且为后世的浪漫风格和推崇装饰开了先河。

在16世纪末期形成，盛行于17世纪的巴洛克建筑风格和静态庄重的古典风格大相径庭。前者倾向于动感热情，以椭圆形室内空间，丰丽、柔婉的造型，多姿曲线的家具等等刻意表现出一种动态的抒情效果，图1-8为巴洛克风格的室内，华丽富有动感。

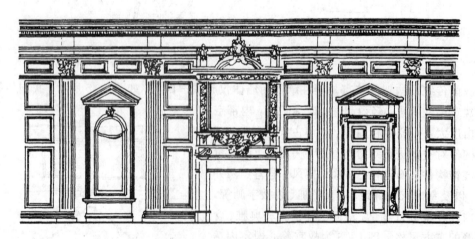

图 1-8 巴洛克风格的室内立面

18世纪开始，继巴洛克风格之后的是洛可可风格。洛可可时期比巴洛克时期走得更远。建筑装饰设计师最重要的使命是努力追求丰富的变化。因此，重复多变的曲线、装饰性绘画、刺激性色彩被大量运用。它基本上是不匀齐和不对称的，追求豪华、享乐、花哨和活泼。

18 世纪后期，随着工业革命的到来，机器生产代替了手工操作。人们对豪华的装饰，传统的价值观和美学观念产生了疑问。装饰概念发生了变化，人们开始追求单纯简洁、轻巧可亲的装饰，主张室内装饰和建筑本体可以分离。

20 世纪初叶，格罗庇乌斯在德国展开的"包豪斯运动"，使具有现代意义的装饰设计空前发展，主张理性法则，强调功能因素，体现工业成就。

20 世纪 30 年代，勒·柯布西耶提倡"机械美学"，它亦被人们称作"新客观主义"、"国际风格"或"功能主义"。它崇尚充分利用现代机械技术和现代工业原料，在外观上严格遵循功能主义的原则，绝不带任何附加的装饰。"机械美学"既是一种精神力量，又是一种风格的灵感。

20 世纪 50 年代末，掀起了保护和修复古旧建筑的浪潮。当这些古老的建筑被拂去了岁月的尘埃，立刻焕然一新，将精美的装饰线条、复杂漂亮的铺砌图案、五彩缤纷的外表装修和多姿多彩的细部点缀展现在人们面前，马上反衬出了现代建筑在这方面的平庸和匮乏。古旧建筑除了自身遮风挡雨的功能外，还表现出一种巨大的精神力量。正是由于它的影响，人们的装饰热情被重新燃起，形成了一股"装饰热"。

20 世纪 60 年代，文丘里和查尔斯·摩尔走上了一条大胆的探索之路——后现代派建筑装饰新潮流。建筑装饰设计打破了历史上各种不同风格的基本建筑装饰原则，装饰和被装饰的结构主体关系不大，甚至喧宾夺主。在其作品中，错综复杂的色彩组合取代了白墙；比例失调且和结构毫不相干的巨型花饰和装饰假柱大量出现，传统的造型、山花、木饰、石饰等被扭曲、倾斜、夸张、打碎……后现代派强调文脉、历史和文化，决不是矫揉造作或哗众取宠的低级趣味，它的特征体现在物体表面的魅力与其本质的对立上，其实质不过是对现代建筑中的失误的一种反应。图 1-9 所示的某餐厅室内采用夸张的手法，模仿花朵形态的柱头和地面曲线形水面相结合，取得独特的装饰效果。

图 1-9　独特的餐厅装饰

从上面的简史中，我们可以看出建筑装饰在建筑中是由简单发展到繁琐，再由繁琐回复到简洁，这样往复地运动的。这正符合辩证法中否定之否定发展的规律，虽然从形式上看又回复到了原点，但并不是简单的重复而是螺旋式的上升。

二、建筑装饰设计的流派

当前，西方建筑思潮混沌动荡，各种流派层出不穷，这种情况也反应到建筑装饰设计中来，其中较有影响的有平淡派、繁琐派、纯艺术派和历史主义派等。下面逐一进行介绍：

（一）平淡派

主张设计中空间及空间关系是建筑的主角，重视材料的质感和本色，反对功能以外的纯视觉装饰，在色调上强调淡雅和洁新的统一。平淡派盛行于美国、日本、墨西哥等国。但有人指责平淡派"除了没有东西还是没有东西"，图 1-10 所示的美国波士顿美术馆的东馆展厅，墙面、地面、顶棚平整，连着柱子设计了休息座位，无任何附加装饰，使室内空间完全成为艺术展品的背景，符合美术馆空间的功能要求。

7

（二）繁琐派（又名新洛可可派）

竭力追求夸张，主张利用现代科学技术条件，积极反映现代工业生产的特点。常用金属材料、磨光大理石、花岗石、玻璃镜面等作为装饰材料，重视光影效果，并选用新颖家具和艳丽地毯，创造出一种富美华丽、光彩夺目的室内气氛，又具有堆砌、矫揉造作、富有戏剧性的装饰效果。图1-11所示为某宴会厅墙面和顶棚的软包装饰，线条蜿蜒曲折，形成重复韵律，从而取得雍容华贵的室内气氛。

图 1-10　波士顿美术馆展厅

图 1-11　宴会厅墙面、顶棚装饰

（三）超现实派

其基本倾向是追求所谓超脱现实的纯艺术，力图使有限的空间通过反射、渗透等手段给人以扩大的空间感以达到虚幻的、无限的空间，并常用五光十色、变换跳跃的灯光、浓重的色彩、抽象的图案等制造出一种变幻莫测的感觉，图1-12所示为通过夸张的顶棚吊顶造型以及其无规律的组合标新立异，突出其个性。

图 1-12　富有个性的顶棚造型

（四）重技派（又名现代派）

强调时代感，反映工业成就，推崇"机械美"，喜欢暴露结构形式和装修质地以及各种设备和管道。其金属构造节点设计精致，计算精确，表现出在现代科技指导下技术精美的特点。图1-13所示为巴黎蓬皮杜文化艺术中心的内部，通过对钢柱杆、扶手及圆形通道的精心设计，体现出技术美和时代气息。

（五）文脉反思派（又名历史主义派）

强调要了解历史，从历史中去寻找灵感，反映了一种怀旧的情绪。主张今古并存，室内既有空调又有古老的壁炉，有时在现代的装饰设计中突然出现一种变形的古典符号。

（六）青年风格派

当今，青年风格派在欧洲一带享有一定声誉，主张建筑的装饰设计应和建筑造型、性质统一协调。内部设计简洁而注意细部处理，家具陈设的设计和地方乡土材料的运用，注重地方特色，讲究建筑内外造型的整体艺术效果，而建筑装饰设计是整体艺术创作的有机组成部分。

至此，我们对建筑装饰设计的简史及风格进行了一些介绍和分析。任何一种装饰风格和流派的形成，都有其一定的历史原因和社会需要，即深厚的社会基础。我们通过分析和研究建筑装饰设计的历史及各种风格流派，来把握建筑装饰的本质及其发展的方向。

图 1-13　蓬皮杜文化艺术中心
建筑钢结构造型

复 习 思 考 题

1. 建筑装饰设计在生活环境中的意义是什么？
2. 建筑装饰设计的任务和目的是什么？
3. 建筑装饰设计与建筑设计的关系、共同和不同之处是什么？
4. 建筑装饰设计包括哪些内容？
5. 现代建筑装饰有哪些流派？简述各流派的特点。

第2章 建筑装饰设计学习特点与设计程序

第1节 建筑装饰设计的学习特点

建筑装饰设计的学习有它自身的特点，无论多么简单的建筑装饰设计任务或课题，都与中、低年级临摹一张效果图有着根本的区别，它已经不是一种单纯模仿性练习，而是一项创造性活动，要学好建筑装饰设计应注意如下几个特点：

一、加强外围知识的积累

留意观察生活，注意长期积累。学生入学后就要抓住一切机会，如作为一名旅客、顾客、观众去观察相应的建筑类型及室内、外装饰，留意它们与建筑装饰设计的关系，从中学习有益的活的知识，这项任务要长期的点滴积累，才能不断提高自身建筑装饰艺术方面的修养。分析、欣赏古今中外优秀建筑装饰实例，从中吸取营养，通过参观及各种媒体浏览古今中外大量的优秀作品，以此作为感性认识的基础，加强对建筑装饰设计规律的理解，充实课堂所学到的有限知识。

爱好相关艺术，触类旁通，提高素养。艺术的种类很多，大多数艺术种类与建筑装饰设计有着直接和间接的关系，比如绘画、雕塑、工艺美术、书法，在建筑装饰设计中直接运用的地方很多，就是音乐、诗歌、文学也与建筑装饰设计有着间接的关系，它们之间许多规律是互通的，爱好和钻研相关艺术，对提高建筑装饰艺术素养是大有益处的。

二、掌握形象思维和逻辑推理统一的学习方法

设计是一种创新思维，创新能力的培养源于形象思维和逻辑推理的统一，对"创新"要求越高，越要求实现形象思维与逻辑推理的统一。由于"应试"教育模式的不良影响，高中阶段课程体系设置的课程，绝大部分属逻辑思维领域的，导致高中毕业生形象思维能力的薄弱，这给高校不少专业的继续教育带来很大困难，建筑装饰设计尤显突出。各种设计意图的实现，最终都必须表现为图纸上的具体形象，再好的文字也是说明不了问题的，设计中各种问题的解决，大到整体造型比例、空间关系，小至一根装饰线条，都离不开具体形象，建筑装饰设计过程需要逻辑思维，更主要的工作是对形象的推敲。因此对形象感受和观察能力的培养以及对空间想像能力的培养是学习建筑装饰设计的重要组成部分，只有通过加强艺术类课程的练习，平时多看、多画、多想，才能不断提高形象思维能力。

三、掌握基础知识与加强设计技巧磨练的统一

掌握基础知识和加强设计技巧磨练，对建筑装饰设计的学习都很重要，缺一不可，如同一位作家，既要熟练掌握创作理论语法修辞，又具有很高的写作技巧，才有可能写出好的作品一样，一个成功的设计，广博的基础知识提供了进行设计的基础，熟练的技巧将资料、素材、理论知识，体现为图纸上的方案。建筑装饰设计技巧的磨练与基础知识学习的

方法有很大不同，与演员、画家学艺的方法很相近，熟知公式与原理是不能掌握技巧的，技巧需要在实践中磨练和积累，"精在勤中，熟能生巧"这两句话很能概括其学习的特点。

四、涉及的知识面广，综合性强

建筑装饰设计涉及的知识面很广，涉及到诸如美学、技术、材料、设备、社会、环境、心理学等知识领域，是科学性、社会性和综合性很强的创造性工作。教与学的方法都有不同的特点，教主要侧重教会学生综合运用已学到的知识，去解决设计中的具体问题，并通过对学生设计方案的一对一地辅导，手把手地传授技巧和方法，帮助学生解决在设计中解决不了的具体问题；学生学习注意不断提高自己独立工作的能力和分析解决问题的能力，通过自己的设计方案向教师介绍设计构思及分析解决问题的方案，尽量独立完成设计的全过程。

第2节　建筑装饰设计要素

随着社会的发展和人们物质生活水平的提高，对建筑不仅要求在功能上合理舒适，而且要求注重精神意境的创造，通过空间、色彩、光影、材质、陈设、绿化及各种界面的构图等装饰设计要素，有意识地追求生活环境的艺术品位，以满足人们物质生活和精神生活的需要。因此如何恰当应用装饰设计要素，对建筑物的环境艺术效果影响很大。

一、空间要素

空间要素的应用，是建筑装饰设计的主线，创造一个合理、完善，给人以美的感受，有利于人类生息的空间是设计的基本任务，要完成好这个任务，首先必须从设计学角度了解空间基本构成元素：点、线、面、体。

（一）点

点是"具有空间位置的视觉单位"，凡物体具有集中性，都可以视为"点"元素，它与其他元素对比及背景条件下，具有绝对的面积或体积。在装饰设计中，点有实点、虚点、光点，既有装饰性的，又有功能性的。图2-1所示为我国传统大门上的门钉装饰，它既是传统大门不可少的"点"符号和形式美的需要，有很强的装饰性，又具有与大门"穿带"连接的功能性。图2-2室内散石、石凳及墙壁上绿化等点元素，既有功能作用，又具有很强的装饰性。

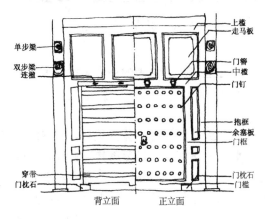

图 2-1　中国传统大门立面　　　　　图 2-2　室内散石、石凳及墙壁上绿化透视图

（二）线

线是具有方向性的"一次元空间"，相对物体只要具有长度、方向和位置，都可视为
"线"元素，如室内的梁、柱。线分为直线、曲线两大类，直线中有水平线、垂直线、斜线、折线；曲线分为弧线、椭圆形曲线、双曲线、抛物线、螺旋线等几何曲线和变化无常、复杂多样的自由曲线两种。它们各自有其性格，并对人产生感情心理上的影响，如水平线带有稳定、静止、平和、安全的感觉；垂直线带有上升、崇高、希望、权威、紧张的感觉；斜线带有运动、不安全、方向性强的感觉；折线带有节奏、活泼、动感和焦虑不安的感觉。又如自由曲线，变化丰富，具有柔软、优雅和强烈的流动感；几何曲线富有规整性、比例性和节奏感。建筑装饰设计中线元素的应用无处不在，如装饰纹样、各种不同的线脚、柱、梁、大面积的划分等等，并具有功能性和装饰性之分。图2-3所示为若干个台阶水平线元素，使空间自下而上富有节奏的变化。

图 2-3　宾馆大堂富有节奏的台阶

（三）面

面是一种具有相对宽度和长度的"二次元空间"，是构成"三维空间"的重要组成部分，线移动所形成的方形、长方形、扁形、圆形等各种平面图形，在设计中主要用来强调物体的表面及轮廓线。不同形状的面会给人以不同的感觉，如曲面具有女性的特征，流动、柔软；方面具有男性特点，稳定、简洁有秩序感。面是形的实体，面与形不可分开，它们种类繁多，一般分为直线形面和曲线形面两种，又可分为几何形面、自由形面两类。在平面设计中，面具有限定空间的作用，如

图 2-4　小会客室地毯限定出两个空间

在小会客室地面上局部铺一张中国书法图案的装饰地毯，就将原来的一个大空间限定出两个空间来（图2-4）。

（四）体

体是具有相对长、宽、高度的"三次元空间"。在设计中，各种体的组合，如室内空间的虚体和各种家具、陈设、隔断、顶棚、墙面造型、绿化等实体，运用其语言符号，构成整个空间形象及气氛，共同创造出良好的视觉效果和完善的空间环境。体有虚实之分，活动空间为虚体，家具陈设为实体；虚体强调整体性，实体起造型、组合作用。虚体具有穿透性，而实体强调它的不能穿透性，如实墙与玻璃隔断，前者实、后者虚。图2-5所示起

居及会客空间运用家具等实体语言符号，塑造出这两个空间的整体形象及氛围。

二、光影要素

归纳起来为自然光和人工光在建筑装饰设计中的运用，并已成为现代建筑装饰设计中不可缺少的设计要素，因为没有光的照射，就无法表现体量、质感、色彩及其丰富变化。利用光影的颜色、强弱，可以创造出不同的室内气氛，利用集中光照射能突出展品、陈设，利用光色的冷暖能满足不同空间功能的要求，如冷饮店运用冷光源照明能使空间感到更加凉爽。图2-6所示，运用具有地方代表性的吊灯照明，更鲜明地表现出该餐厅的室内风格和地方特色。

图 2-5 起居及会客空间透视图

三、色彩要素

色彩要素在所有要素中最具视觉冲击力，更能引起人的视觉反映，是创造室内精神环境最廉价的奢侈材料，色彩能给人生理、心理和物理方面的作用。色彩要素在室内装饰设计中运用得好，不但能美化生

图 2-6 富有地方特色灯具照明的餐厅

活环境，表达业主的个性，调节室内气氛，提高整个大环境的艺术品位，还能适应室内各种功能的要求。色彩要素的运用要因人、因时、因地、因用，在整体效果的设计中，既要遵循色彩的一般规律，又要随着时代审美观的改变而变化。

四、装饰要素

装饰要素首先体现在装饰材料的选择与运用上，室内空间如没有丰富的装饰材料这一物质基础及对它的合理使用，室内就成了一副空壳，这是因为装饰的物质表现存在于不同材料的构成上，不同材料的肌理质感，对人会产生不同的视觉效果和心理影响，同时它给室内赋予了新生命和千变万化的艺术效果；其次对室内的柱、墙、台阶、楼梯等不可缺少的建筑构件，结合功能做细部装饰，可与材料的使用共同构成完美的室内环境。图2-7所示，运用匾额"功夫茶"装饰要素为品茶空间点明主题。图2-8所示，对室内楼梯建筑构件进行细部装饰后,获得了较高的艺术品位和优美的环境。

图 2-7　"功夫茶"茶室的局部透视图　　　　图 2-8　公共大厅一角的旋转楼梯

五、陈设要素

　　室内的各种陈设具有很强的装饰性,如家具、窗帘、各种靠垫、挂毯、绘画、陶瓷器、绿化等,它们以造型、色彩、质感超越了物质功能,具有了精神的功能,适用美观,富有个性,如选择得当与总体设计主题协调,将成为表现空间意境的重要内容之一。图2-9所示,卧室中台灯、雕塑、枕套、床套、窗帘等陈设要素,共同创造了适用、美观、温馨、柔和的卧室环境。

图 2-9　陈设要素在卧室中产生的装饰效果

第3节　建筑装饰设计前期准备

　　由于重新整顿一个建筑环境非常麻烦且花费很大,更由于这个环境一旦形成,则不容轻易改变,所以设计的前期准备,一定要有周全、细致的研究和通盘筹划的考虑。只有这样,才有可能取得最佳的效果和最好的效益,且不至对环境产生不良影响。前期准备的工作主要有:设计委托、现场调研、资料搜集。

一、设计委托

　　设计师开始工作的前提是受到委托方的委托,而接到任务后马上就上板出图的情况是绝无仅有的，而所做的第一件事通常是研究设计任务书，弄清楚装饰设计的内容、条件、标准等重要问题。在有些情况下，由于某些原因设计委托方没有能力提出设计任务书，仅仅只能表达一种设计的意向并附带说明一下自己的经济条件或可能的投资金额。在这种情形之下，装饰设计师还得与委托方一起做可行性研究，拟定一份符合实际情况，双方认可的设计任务书。而拟定的任务书必须和经济上的可行性统一考虑，否则则是纸上谈兵而无实际价值。设计师研究任务书的目的主要在于两个方面：一是了解使用功能，了解装饰设计任务的性质及满足从事某种活动的空间容量；二是结合设计命题来研究所必需的设计条件，搞清所设计的项目，要涉及哪些背景，需要哪方面的资料，从而使下面的资料搜集工作有较强的针对性。

二、现场考察

所接到的装饰设计任务书可能是尚未动工的建筑、土建完成但尚未装修的建筑、建成并使用的建筑。如果是后两类任务，则装饰设计师必需亲自到该建筑物进行现场考察。在搜集到该建筑物的图纸资料后而进行的现场考察，可增加对委托任务的环境、地形、地貌、性质、风格等方面的感性认识。而无法搜集到该建筑物的图纸时，现场调研时可以在感受空间之余而采用测绘的方法进行补测。另外，在可能的条件下，应设法与设计该建筑的建筑师进行交流，充分了解原有的设计意图。

三、资料搜集

建筑装饰设计的资料搜集工作，在前期准备中往往占据了设计师的大量时间。所搜集的设计资料可分为直接与间接两种。

（一）直接参考资料

指那些可以借鉴，甚至可以直接引用的设计资料。为了尽可能地节约时间，有的放矢，不走弯路，搜集大量与所委托的设计性质相近、空间类似的设计实例，搜集人们从事室内功能活动的人体尺度研究成果是完全必要的。此外，还有相关的法规、标准、规定、规范。

（二）间接参考资料

指那些与设计有关的文化背景知识。这类资料的搜集相对要费力一些。现代社会里，各个委托人的审美观点、生活习惯、经济条件都不尽一样，人们对设计的雷同、平庸也是极其反感。因此，要做好某项设计，间接资料的好处正在于它能帮助设计师加深这种理解。此外，间接资料的搜集还可激发设计师的创作灵感。室内空间和设计作品的文化品位是每个设计师应努力追求的目标也是衡量设计作品的格调和设计师修养的重要尺度。而设计作品中要具有文化品位的前提便是进行间接资料的搜集与整理。所以，间接资料的搜集并不是可有可无的。总之，在前期准备过程中所做的一些基础工作能帮助设计师清醒地认识任务性质与工作条件，理清工作头绪，控制设计进度。此后，设计师便可以有条不紊地展开设计工作。

第4节　建筑装饰设计构思

所谓构思就是根据设计任务书、调查资料，对建筑装饰设计从整体到局部再到细部的综合考虑。构思是整个设计工作的基础。和所有设计构思一样，构思过程中要"先放后收"，即构思初期要求思路奔放，任意驰骋而不受羁绊。这样会有助于产生灵感和多个思路。

构思后期，则是比较各个思路，确定一个方案进行深入设计而臻完善。

一、构思的原则

在构思过程中，首先要恪守实用、经济、美观的原则，并且要注意建立起环境意识，整体观念、个性化原则和有利于社会可持续发展。

（一）环境意识

头脑中确立"环境"意识是建立建筑装饰设计的准确概念的前提。建筑装饰设计也就是要创造建筑内部理想的时空环境，即有利于人类生存、生活及交往的内部空间条件。建筑装饰和其他艺术品的不同之处在于，人们对于室内环境的要求不是单纯为了获得视觉刺激，而是要感觉到生活在其中的舒适、亲切和惬意。图2-10所示，赖特设计的C·F·托马斯住宅位于一临水山地上，隔着湖面远方有四座山峰。该建筑与自然紧密结合，临水面采用悬挑；各房间的布置充分利用四座山峰的景观价值，通过借景对景而获得最佳的室内环境。

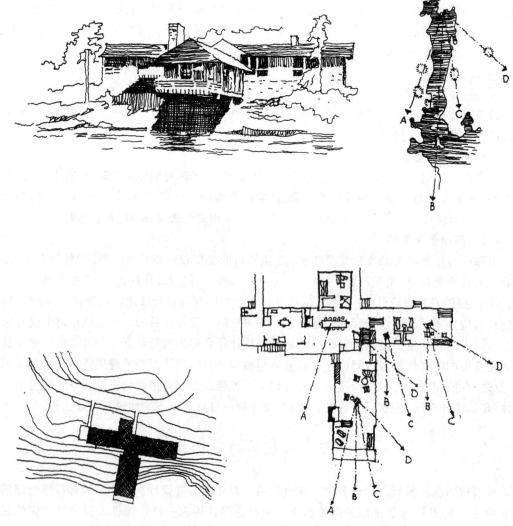

图 2-10 C·F·托马斯住宅建筑透视图、首层平面图及总平面图

（二）整体意识

在建筑装饰设计构思过程中，决不能从感性出发进行"就事论事"的设计，必须牢固地树立起整体设计的观念。整体意识包含两个方面：一是设计师本身在运用各种造型要素时，注意这些要素之间的联系，并突出装饰设计中的造型母题，只有这样空间的整体性才能够保持；二是建设者往往为了降低投资缩短工期，既不统一设计，又将工程分包给几个装饰企业施工，结果是各个局部也许很好，但从整体看意境氛围相悖不统一、不协调。整体关系没有了，局部装饰得好，也不能成为一件好设计。为了改变这种状况，设计师要不断宣传整体环境效果在设计中的重要性，帮助业主提高这方面的素质，争取业主的支持认可；同时政府、行业管理部门要加强有关法规的制定，对这种现象加以制约。只有这样，空间的整体性才能够保持而不致破坏整体环境效果。

（三）个性化原则

"雷同、平庸"是设计师所忌讳的，正是由于这样的设计缺少个性，没有思想深度，因而难以产生动人的效果。想感动别人，首先要感动自己。而"感动自己"则需要对设计全身心地投入，对设计有自身的理解，以及敏锐的洞察力和正确的审美倾向。在此基础上，通过娴熟的设计手法和绘图技巧将构思表达出来，倾注了个人情感和心血的个性化的作品自然也就会"感动别人"，个性化的构思和作品也就产生了。这对设计师各方面素质有较高要求。当然，那种墨守成规，刚愎自用，武断倔强的品味不高的所谓"个性化"构思不但不是我们所提倡的，而且是应大加挞伐的。

（四）高质量（标准）低造价

基于我国是一个发展中国家，经济还不够发达，设计构思过程中应将"经济性"作为重头戏考虑，要在低造价上做研究，低造价不等于降低设计质量，提倡"贵精不贵丽"，即使是投资高的建筑装饰工程，也不主张滥用高档材料。图2-11所示，四个不同的室内

图 2-11 四种廉价材料塑造出不同的室内氛围

空间分别采用当地的木材、织物、混凝土、碎石等价廉物美的材料，既富有地方特色又创造出细腻或粗犷、温柔或冷静的不同空间气氛。因此设计构思要注意以下几点：

1. 注意对原土建实质性的建筑界面和非实质性的视觉空间进行调节，从而弥补建筑设计在比例、尺度、形状等方面不理想的部分，避免消极地对既定空间原封不动的装修设计。

2. 平面设计构思应考虑空间使用功能的变化，运用弹性设计方法与之相适应。在购物环境平面设计过程中动态性最强，运用这种方法可以适应购物环境随着市场季节性变化变换商品的种类和营销方式，而改变柜台布置调整动线的需要，克服因变化而拆掉原有装修，再重新设计、施工所造成的浪费现象，设计出以不变应万变的设计方案。

3. 设计构思中注意色彩的合理运用，色彩是创造精神功能最廉价的奢侈品，具有最强的视觉冲击力，既能兼顾到环境质量、艺术品位又恪守了设计"经济性"原则。

4. 设计构思中注意选择老化相对同步的装修材料，克服因少数材料寿命短致使装修使用周期缩短而造成的浪费现象。

5. 设计构思中要注意选择无污染的绿色装修材料及充分利用可再生资源，杜绝因设计不当造成环境污染和资源浪费，注意节约能源，坚持可持续发展的设计构思原则。

二、构思步骤

建筑装饰设计构思步骤一般分三个阶段：

（一）形象的酝酿阶段

设计构思形象的先决条件是感觉与思维的过程，视觉在此起着重要作用。构思时必然会激起设计师先前积累的各种信息的相互碰撞，而这种碰撞所产生的"火花"与现有材料及内容发生联系时，一个新的设计胚芽便形成了。这一阶段要求设计师有一定的信息积累，和对视觉形象的敏感。

（二）形象的发展阶段

有了初步的"胚芽"之后，下面就要让它"生长壮大"。设计是一个逐步深入、循序渐进的过程。如果说设计雏形的产生凭借一定的灵感的话，那么设计的深入纯粹依赖脑力苦苦思考。有设计经验的人都知道，每一步深入，每一次突破都要付出相当的努力。这就要求设计师知识面广博，设计手法熟练，善于分析矛盾并进而解决之。这样"胚芽"便逐渐发展并走向成熟。

（三）形象的确定

经过了发展阶段，形象轮廓已较清晰。下面需要进一步将其细化，深入到细部构思。这好比是长跑最后的冲刺，也是较为艰难的。一个设计作品是否耐人寻味，设计品位高低，深度如何在很大程度上取决于这一步。如果在此松懈，将功亏一篑。这除了要求设计师专业上的素质之外，还要求有面对困难的勇气。

三、构思的方法

（一）智囊法

又称脑力激荡法，即由多人组成团体来激励头脑创造新环境。这样可以集思广益，取长补短，避免单独思维出现的"钻牛角尖"的现象。

（二）反解法

运用颠倒、表里、阴阳、调换位置等反常规思维方式常可以获得令人耳目一新的形象和出人意料的结果。当构思形象经过发展和完善后，终于得到"豁然开朗"式的解决办法。

（三）分解法

即运用分离、联合、调换等手段，将两个或两个以上相同或不相同的设计实例重新分离组合，产生新形象。运用这种方法一定要注意整体谐调的原则，否则"非驴非马"令人啼笑皆非。

（四）代入法

即借用良好的设计实例的构思方法，以摹仿、借鉴等各种手段，代入将设计的新内容中，求得解决问题的方法。这对初学者是一个切实可行、较为稳妥的方法。而且代入时，可以较为深入地领会原设计的意图和构思意境，将原设计消化吸收。

（五）问题法

将所要解决的问题及各种矛盾一一列举出来，分清主要矛盾和次要矛盾，矛盾的主要方面和次要方面。通过理性的权衡，设计手法的运用尽可能地将各种矛盾关系解决协调好。这要求设计师发现问题全面而准确，分析问题深入。这个方法适合擅长逻辑思维的设计师运用。

复 习 思 考 题

1. 怎样才能学好"建筑装饰设计"这门课？
2. 构成建筑装饰的基本要素是什么？
3. 建筑装饰设计构思中必须遵循哪些基本原则？
4. 建筑装饰设计前期要做好哪几个方面的准备工作？

作业（一）

《宾馆进厅》室内环境设计任务书

公共活动性强的建筑中如旅游、交通、商业等各类建筑入口处都是重点装饰的地方。设计课题（一）就是要求大家通过对"宾馆进厅"几种功能的认识，根据设计任务书中所提供的宾馆平面图、立面图，运用1、2章所学到的知识，结合预学3、4章的知识，在老师的辅导下，进行室内空间的组合，服务台、接待、休闲处的家具布置，顶棚、立面、地面、电气、色调及室内绿化等方面的装饰设计，从而掌握这类建筑"进厅"装饰设计的原理，增强设计能力。

一、环境风格和有关指标

"宾馆进厅"是一所总面积为12433m² 的园林别墅式现代化旅游宾馆公共建筑的进厅，地处扬州某地，周围环境优美，风景秀丽。要求进厅的装饰设计以及家具、灯具的选择、运用等都要能体现园林别墅式风格，整体取得"中而新"的效果和气氛。

（1）宾馆底层平面、进厅立面图（原土建建筑进厅平面图、立面图如图2-12～图2-13所示）。

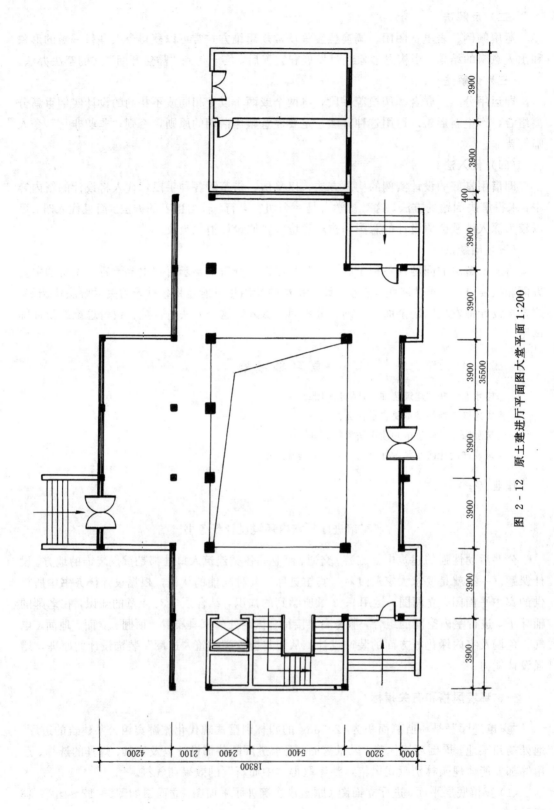

图 2 - 12　原土建进厅平面图大堂平面 1:200

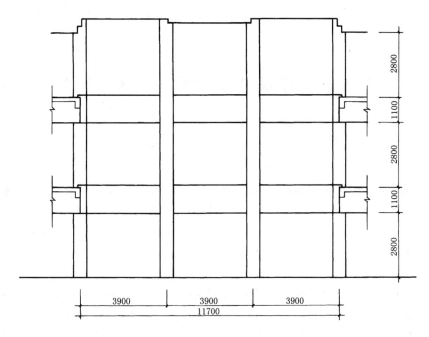

图 2 - 13　原土建进厅立面图大堂立面 1：100

（2）宾馆客房套间 4 套、标准客房 153 套，高峰人流量 300 人。

（3）经济指标：3000 元/m²，中上等级。

（4）中央空调。

二、图纸要求

（1）图纸封面设计、图纸目录、设计说明。

（2）设计任务为进厅的地面、顶棚、各有关立面、服务总台、休闲区、过厅、值班经理柜等。

（3）图幅统一为 2 号图，图纸任务为进厅设计平面图、剖面图、立面图及部分节点大样详图，图的比例自定。整体气氛效果图 1 张，局部透视效果图 1 张。

三、进度安排

进度可由各教学单位根据具体情况自行安排。

第3章　建筑装饰设计与人体工程学

第1节　概　　述

　　人体工程学是一门新兴的边缘科学，研究的范围和对象很广，最早研究的内容服务于二次世界大战，目的是为了提高操纵飞机、军舰、坦克等各种武器的战士的便捷度和命中精确度，后来发展到整个工业生产中去。人体工程学主要研究人体各部位的尺度（静态尺度）和人们一切动作带来的活动范围（动态尺度）；人们生理、心理的需求；人对各种物理环境的感受以及人体能力的感受等有关方面内容，至今研究的成果已运用到人与环境关系的各个方面。室内空间环境与人体工程学关系更为密切，因为室内空间是人类活动的主要场所，室内环境诸因素必须与人体活动之间有一个正确、合理、科学的关系，以达到舒适、方便、安全、健康的目的，而建筑装饰设计所承担的任务及主要目的与其完全一致，人体工程学就成为建筑装饰设计的科学依据和评判设计好坏的标准之一。图3-1所示为成年男子、女子直立与端坐时的静态尺寸。

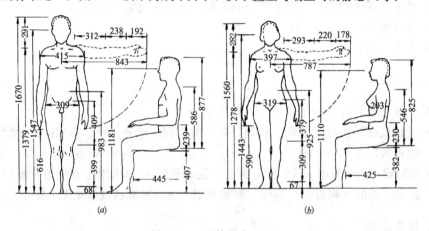

图 3-1　人体静态尺寸
(a) 成年男子；(b) 成年女子

第2节　建筑装饰设计与人体工程学的关系

　　人体工程学与建筑装饰设计的关系主要体现在为设计工作中确定人的感觉器官适应力；确定人在空间的活动范围以及室内家具、陈设体量、尺度的设计提供科学依据。

一、为确定人的感觉器官适应力提供依据

　　科学证明噪声会给人带来听力和精神上的危害，人体工程学测定出当音量达到110分贝时会使人产生不愉快的感觉，达到150分贝就有破坏听觉的可能，以此为依据找出有效的解决办法用适度的音乐来隐避噪声，从而给人们一个对健康完美有益的声学环境；如温度

环境中确定了舒适、允许、可耐和安全极限温度的界限，这就给设计师制定室内温度标准以及调节室内最佳温度提供了科学依据；又如人体工程学研究人的色视觉在生理和心理方面的效应，证明色彩不仅具有审美功能，还具有适用功能，为室内色彩设计提供了科学依据。总之，人体工程学研究测定出人体对气候环境、声学环境、温度环境、视觉环境、光照环境、重力环境、辐射环境等方面的要求和参数，以及研究人的感觉能力受各种环境刺激后的接受适应能力的各种成果，为设计出一个完善的环境提供了科学依据。

二、为确定人在空间的活动范围提供依据

人体空间由人在室内的静点位置、人体三维活动范围、人的活动方向等内容构成，是影响室内空间形状、大小的最主要因素。

（一）人在室内的静点位置

人在室内的静点位置，是指人在室内的视觉"定位"和心理感觉。与个人、群体的生活习惯、生活方式和工作习惯有密切关系。例如各国会议的仪式，各民族庆祝集会和纪念仪式都不尽相同，因此定位也就不同，但存在一般性规律。例如，无论哪个国家，什么习惯的人，都会将人的静点定位在停留性质的空间里，而不会定在交通空间的中心，所以我们把它作为研究人体空间构成的条件之一。另外静点也有它的相对性，比如在厨房里活动，它的静点就不是一个。当你在洗菜时，水池前就成为静点位置，这里根据洗菜作业的特点，就会有相应的动态尺度，如水池的高度、宽度和水嘴的高度和伸出长度等。如果你炒菜做饭时，灶前就是静点，在这个位置上，根据人的作业特点，同样有相应的动态尺度。图3-2所示为厨房人体静点位置和活动尺度，图3-3所示为卫生间人体静点位置和活动尺度，图3-4所示为起居室人体静点位置和活动尺度。

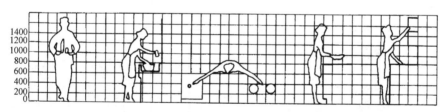

图 3-2 厨房人体静点位置和活动尺度

图 3-3 卫生间人体静点位置和活动尺度

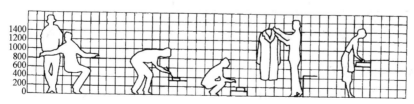

图 3-4 起居室人体静点位置和活动尺度

（二）人体三维活动范围

人体三维活动范围是指人的上、下、左、右的正常活动范围和极限。如按人的平均高度设计一个脚踏装置，只有身高大于平均高度的50％的人能够达到这个脚踏装置，另外50％的人的腿长将达不到这个脚踏装置，就是一个不好的设计。好的设计应该使更多的人感到适用。究竟要达到百分之几的人适用才算得上一个好的设计，这要从后果的经济性方面优选一个合适的比例和一个科学的数值，这个数值就是从人体工程学角度选定的一般标准数值，并有一定的调整幅度，叫做偏差值。同时这种偏差值也考虑到了不同的工作角度和男女通用以及各个国家、民族通用等条件，所以决定三维空间的量也是有差异的。

人体三维活动范围除了人体的尺寸外，还有人数的多少和相互之间的关系，这种两人以上相对关系可以是平行的、相对的、相反的。

（三）人的活动方向

人的活动方向是指人的"动向"。动向是受生理和心理两个方面影响的。例如，人在睡眠的时候要背向自然光和灯光，床的摆放就要考虑到它与窗的距离，就要考虑室内光的强度；人在写字的时候，动向是朝光的方向，这就影响到室内桌椅的摆放方向和位置。

三、为家具、设备提供设计依据

除人体三维空间及活动空间外，影响室内空间形状、大小的因素还有室内所需的家具和设备的面积。家具、设备的主要功能是实用，不论是支撑人体、贮藏物品的家具，还是提高生活环境质量的各种设备都要舒适、方便、安全、美观，都要满足生理特征要求，所以在设计家具和家用设备时要以人体工学为依据，使其符合人体基本尺寸和从事各种活动范围所需的尺寸。图3-5所示为起居室布置尺度，图3-6所示为家具及布置尺度。下面介绍几种常规家具：

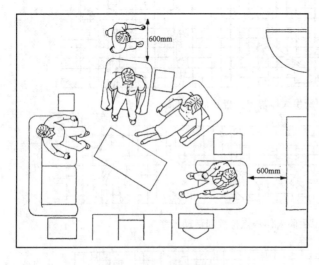

图 3-5 起居室布置尺度

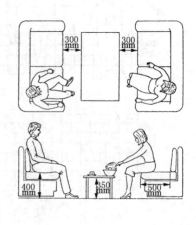

图 3-6 家具及布置尺度

（一）椅、沙发、凳子

要使人坐得舒服、安全可靠，设计时首先要根据人的基本尺寸决定座面的高度、靠背的高度以及座面的深度，如图3-7所示。座面的压力分布必须适宜人体随着改变姿势时的压力,以保证安全和舒适,如图3-8所示。座面和靠背的角度,一般座面前高后低,夹角约3°~6°,沙发则可以大一些,座椅的靠背要向后倾斜,汽车座椅靠背斜度为111.7°,一般办公和学习用椅靠背斜度为95°~100°。

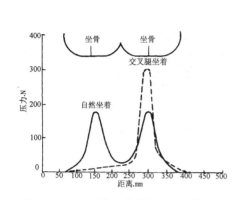

图 3-7 坐面的压力分布（×10²Pa）

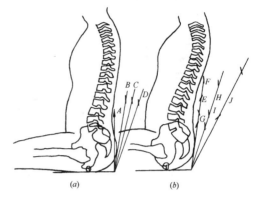

图 3-8 上体的良好支持条件

（a）一个支持点的情形；（b）两个支持点的情形

（二）桌

桌的种类很多,主要根据人体所使用的情况而定其高、宽、长度。尺寸中以高度最为重要,确定其高度的基本原则是人要端坐,肩要放松,身体稍向前倾,要有一个最佳的视距,过高或过低都会使人疲劳不适。总之,既要使人在桌面上的工作方便自如,还要使两腿在桌面下活动自由,所以要根据人体工程学为依据进行设计。

（三）柜、橱、架

柜、橱、架的高、宽尺寸同样取决于使用要求,一般在180cm左右,而酒柜、电视柜则可以更低一点,宽度要符合摆放物品的体量和贮放物体的方式要求,从人体工程学角度看,必须做到存取方便、安全、稳定。高度应以方便人们伸手可取为原则,如图3-9~图3-10所示。

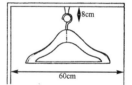

图 3-9 挂衣架尺度

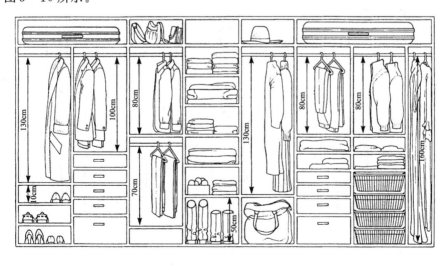

图 3-10 挂衣橱分隔、贮藏尺度

（四）床

床的尺寸与使用的人身长、肩宽和睡眠习惯有关，床一般长为200cm左右，宽度单人床以85～95cm，双人床以135～150cm左右为宜，高可参照椅子的高度或再低一点，如图3-11～图3-13所示。

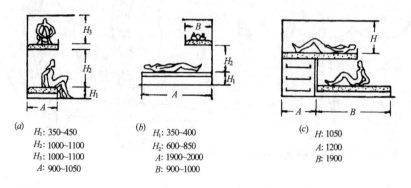

(a) H_1: 350~450
H_2: 1000~1100
H_3: 1000~1100
A: 900~1050

(b) H_1: 350~400
H_2: 600~850
A: 1900~2000
B: 900~1000

(c) H: 1050
A: 1200
B: 1900

图 3-11 双层床的高度

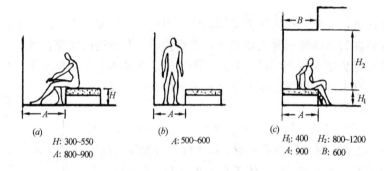

(a) H: 300~550
A: 800~900

(b) A: 500~600

(c) H_1: 400 H_2: 800~1200
A: 900 B: 600

图 3-12 单层床的高度及走道宽度

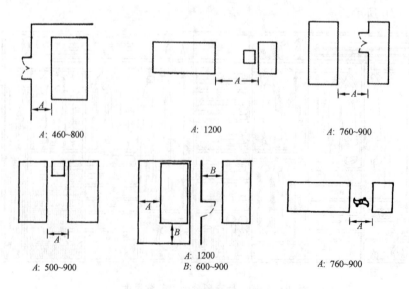

A: 460~800

A: 1200

A: 760~900

A: 500~900

A: 1200
B: 600~900

A: 760~900

图 3-13 床的距离

第3节 人体静态、动态基本尺度

一、人的生活行为

运用人体工程学的目的，是为了设计出让使用者操作方便、不易疲劳、不产生失误而且活动效率高的器具。因此，设计的主要工作是客观地掌握人体的尺寸、四肢活动的范围，使人体在进行某项操作时，能承受负荷及由此产生的心理和生理变化等等。

人的生活行为是丰富多彩的，所以人体的作业行为和姿势也是千姿百态的，但是如果加以归纳、分类的话，可以从中理出规律性的东西来。例如人的生活行为可以作如图3-14所示的分类。

从人的行为动态来分也可以把它分为立、坐、仰、卧，四种类型的姿势都有一定的活动范围和尺度。为了便于掌握和熟悉建筑装饰设计的尺度，下面将分别介绍人体的静态基本尺度和各种行为、姿势的动态基本尺度和所占空间尺度。

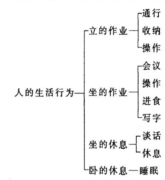

图3-14 人的生活行为的分类

二、人体静态基本尺度

不同国家、不同地区人体的平均尺度是不同的，见表3-1、表3-2和图3-15。我国按中等人体地区调查平均身高，成年男子为1670mm，在国际上属于中等高度，俄罗斯成年男子的身高为1750mm，日本成年男子为1600mm，美国成年男子为1740mm。

不同地区人体各部平均尺寸表（mm） 表3-1

编号	部位	较高人体地区（冀、鲁、辽）		中等人体地区（长江三角洲）		较低人体地区（四川）	
		男	女	男	女	男	女
A	人体高度	1690	1580	1670	1560	1630	1530
B	肩宽度	420	387	451	397	414	386
C	肩峰至头顶的高度	293	285	291	282	285	269
D	立正时眼的高度	1573	1474	1574	1443	1512	1420
E	正坐时眼的高度	1203	1140	1181	1110	1144	1078
F	胸廓前后径	200	200	201	203	205	220
G	上臂长度	308	291	310	293	307	298
H	前臂长度	238	220	238	220	245	220
I	手长度	196	184	192	178	190	178
J	肩峰高度	1397	1295	1379	1278	1345	1261
K	1/2（上肢展开全长）	867	795	843	787	848	791

编 号	部 位	较高人体地区（冀、鲁、辽）		中等人体地区（长江三角洲）		较低人体地区（四川）	
		男	女	男	女	男	女
L	上身高度	600	561	586	546	565	524
M	臀部宽度	307	317	309	319	311	320
N	肚脐高度	992	948	983	925	980	920
O	指尖至地面高度	633	612	616	590	606	575
P	上腿长度	415	395	409	379	391	365
Q	下腿长度	397	373	392	369	391	365
R	脚高度	68	63	68	67	67	65
S	坐 高	893	846	877	825	850	793
T	腓骨头的高度	414	390	407	382	402	382
U	大腿水平长度	450	435	445	425	443	422
V	肘下尺寸	243	240	233	230	220	216

人体各部尺度与身高的比例（按中等人地区）　　　　表3-2

部 位	百 分 比（%）	
	男	女
两臂展开长度与身高之比	102.0	101.0
肩峰至头顶高与身高之比	17.6	17.9
上肢长度与身高之比	44.2	44.4
下肢长度与身高之比	52.3	52.0
上臂长度与身高之比	18.9	18.8
前臂长度与身高之比	14.3	14.1
大腿长度与身高之比	24.6	24.2
小腿长度与身高之比	23.5	23.4
坐高与身高之比	52.8	52.8

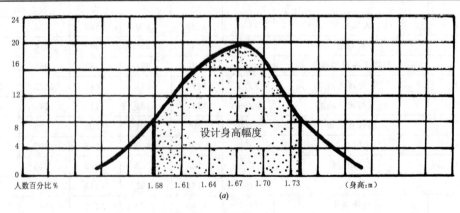

图 3-15　成年男、女不同身高分布图（一）

（a）成年男子不同身高的百分比（%）

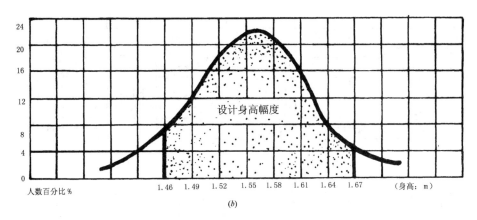

图 3-15　成年男、女不同身高分布图（二）

（b）成年女子不同身高的百分比（％）

在建筑装饰设计中，应照顾到男女及不同人的身材高矮的要求，一般应以下列人体尺度来考虑：

（1）一般室内使用空间的尺度如：展览建筑及剧院中考虑人的视线时，应按我国成年人（男）的平均高度1.67m及（女）1.56m来考虑，另加鞋底厚20mm。

（2）应按较高人体确定的空间尺度（如：楼梯顶高、栏杆高度、阁楼及地下室的净高、个别门洞的高度、淋浴喷头的高度、床的长度等）：采用男子的人体身高幅度的上限1.74m作为参考，另加鞋底厚20mm。

（3）应按较低人体确定的空间尺度（如：楼梯踏步、碗柜、搁板、挂衣钩及其他设置物的高度，舞台高度以及盥洗台、操作台、案板的高度等）：采用女子的人体平均高度1.56m作为参考，另加鞋底厚20mm。

三、人体动态基本尺度，所占空间尺度

人体动态基本尺度是无法计算的,但只要控制它的主要基本动作和尺度,就可以作为设计的依据。人始终处在各种动态之中,按人的活动规律,按其工作性质,可以分为下列四类：

（a）站立姿势：背伸直、直立、向前微弯腰、微微半蹲、半蹲等；

（b）坐椅姿势：依靠、高蹲、低蹲、工作姿势、稍息姿势、休息姿势等；

（c）平坐姿势：蹲、单膝跪立、双膝跪立、直跪坐、爬行、跪端坐、盘腿坐、支起一条腿坐、腿伸直坐等；

（d）躺卧姿势：俯伏撑卧、侧撑卧、仰卧等。图3-16所示为四类人体动态基本尺度。

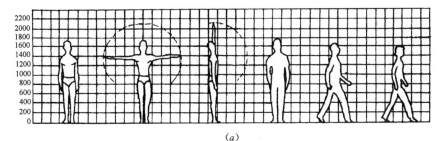

（a）

图 3-16　人体动态基本尺度（一）

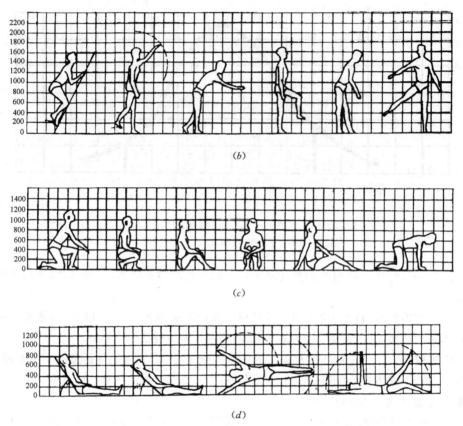

(b)

(c)

(d)

图 3 - 16 人体动态基本尺度（二）

这里的人体活动所占的空间尺度，是指人体在室内各种活动所占的基本空间尺度，如坐着办公开会、穿衣、擦地、拿取东西、厨房操作、卫生间的动作和其他动作，是以实测的平均数为基准的，特殊设计可根据具体条件和特点适当增减。图3-17所示为人体活动所占空间尺度，(a)、(b)、(c)、(d)为办公室尺寸，(e)为商场通道尺寸。

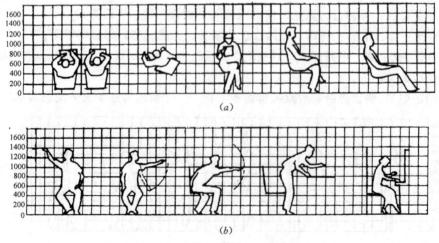

(a)

(b)

图 3 - 17 人体活动所占空间尺度（一）

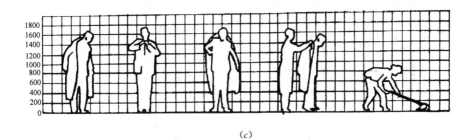

(c)

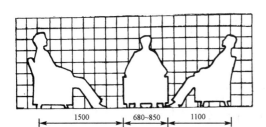

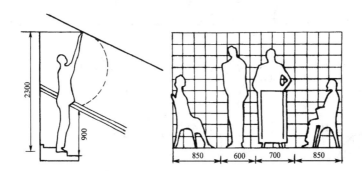

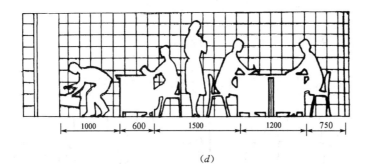

(d)

图 3-17 人体活动所占空间尺度（二）

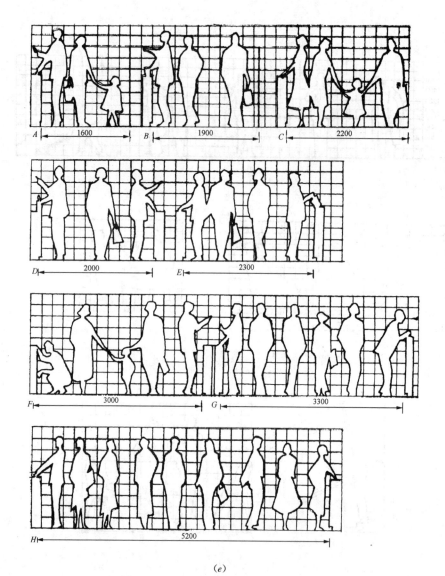

(e)

图 3-17　人体活动所占空间尺度（三）

立、坐、卧动作姿势尺度用下面有关图例表示。

1. 立

立主要包括通行、收取、操作等三个基本尺度。图3-18所示为通行，图3-19所示为收取。

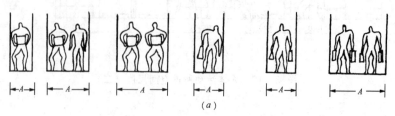

(a)

A：800　960　1000　800　1000　2130（自左图向右图排列）

图 3-18　通行（一）

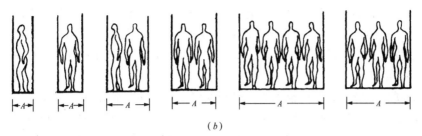

(b)

A：380   650～660   850～1000   900～1200   1800～2200

1100～1300（自左图按顺序排列）

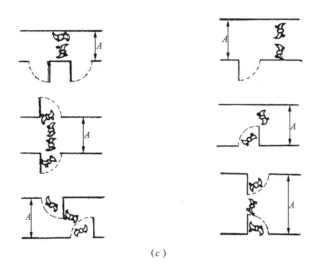

(c)

上A：900～1000   中A：1600   下A：1300～2000

上A：1300～1400   中A：1400～1800   下A：2400

图 3-18   通行（二）

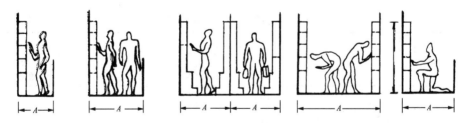

A：600～800   1200～1400   1300～1600   1800   700～1200（自左图按顺序排列）

图 3-19   收取

2. 坐

坐的行为状态很多，对坐的高度、体重压力分布、手臂动作范围、靠背椅面角度的考虑十分重要，是设计中一个不可忽视的重要问题。

（1）坐的高度

坐的高度包含两个方面：一是从地面到坐椅面的高度；二是人与工作面之间的高度。这个高度就是人的肘部与工作面之间的高度差，一般为275mm±25mm。在这个距离内大腿的厚度占去了一定的高度，大约170mm左右。当上半身有了好的位置后，再注意到下肢，舒适的姿势是腿的顶部接近于水平状态。如果工作面过高，则应当采用适当的办法将脚垫起来，以抬高腿的高度。

坐的深度、坐椅的深度也很重要。坐椅太深，人会靠不到靠背，若太浅，又会影响到坐的面积，这样都会造成使用上的不适感。一般正常的深度以375～900mm为宜。坐椅的宽度以宽为好，宽的坐椅人坐时，坐的姿势可以做各种变化。最小的椅宽是400mm，再加50mm的衣服和口袋装物的距离。有扶手的坐椅，两扶手间的最小距离应是475mm。

（2）体重压力分布

人坐着时，体重是分布在两个坐骨的小范围内，如图3-8所示。所以椅子设计得好，能适宜人体随意改变坐的姿势状态。当然软坐垫的设计可以增加臀部和椅子的接触面，使压力分布均匀。一般坐垫高度以25mm为宜。太软太高的坐垫都容易造成身体不平衡和失稳现象，效果反而不好。一般坐椅表面应当尽量避免选用塑料等表面光滑而又不透气的材料，应采用纤维材料为好，这样可以透气，又能增加摩擦力，以减少身体下滑。

（3）手臂动作范围

人坐着时，主要是手臂的动作。手臂的动作除消耗时间外，还能消耗能量。因此保留必要的动作，消除不必要的动作，才能提高操作的效率，这就要求工作台和坐椅的设计具有合理的正常工作范围尺度，一般人的手臂最大作业域半径是50cm，而通常作业域是39cm。设计同时还要注意，正常而合理的工作范围并非是最大操作域限，而是操作和作业时舒适便捷的范围。

（4）靠背、椅面角度

汽车靠背的斜度为111.7°，这是从汽车驾驶员操作便捷和舒适角度来考虑的。办公和学生用椅的靠背斜度为95°～100°。椅面的形状适合于臀部的形状的椅座并无必要，因为这样反而会妨碍臀部和身体的自由活动，会妨碍对坐的姿势的调整。椅面一般也应有一定的斜度，椅面的斜度倾角以3°～6°为宜。后背还有支持点的问题。假如后背有两个支持点，靠背的角度和高度变化与只有一个支持点的情形是不同的，背部支持良好的位置与角度见表3-3。

背部支持的良好位置和角度　　　　　　　　　　　　表3-3

支持点	条件	上体的角度（°）	上部		下部	
			支持点的高度（cm）	支持面的角度（°）	支持点的高度（cm）	支持面的角度（°）
一个支持点	A	90	25	90	—	—
	B	100	31	98	—	—
	C	105	31	104	—	—
	D	110	31	105	—	—
二个支持点	E	100	40	95	19	100
	F	100	40	98	25	94
	G	100	31	105	19	94
	H	110	40	110	25	104
	I	110	40	104	19	105
	J	120	50	94	25	129

3. 卧

实验证明，人在睡眠状态时，身体压力的合理分布，有利于人的身体健康，使人得到良好的休息。不同的材料做成的睡垫，由于软硬程度的不同，对人体睡眠产生不同的影响，什么样的材料才是最好的呢？图3-20中A、B是理想的材料，它的体压分布最合适，而E、F两种则是最差的材料，主要原因是材料的弹性太大，越是软的睡垫人体陷得越深，造成睡垫过软，不利于人体压力的合理分布，使人在睡眠时无法转换休息的姿势，从而造成人休息不佳，久而久之影响人的身体健康。图3-21所示为床的压力分布，图3-22所示为睡眠姿势感觉比较，图3-20所示为睡眠的各种情况与床的压力效果，图3-23所示为床的大小尺度，并见表3-4。

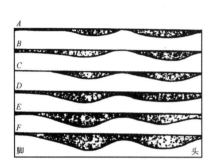

图 3-20 睡眠的各种情况与床的压力效果

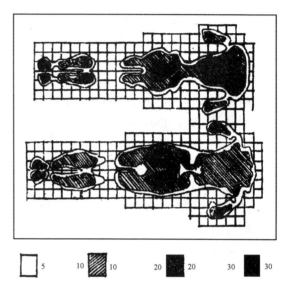

□ 5   ▨ 10 10   ■ 20 20   ■ 30 30

图 3-21 床的压力分布 （kg/cm²）

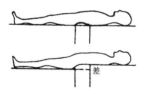

图 3-22 睡眠姿势感觉比较

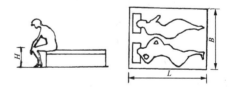

图 3-23 床的大小尺度

床的大小尺度（mm）					表3-4
		L	B	H	
双人床	大	2000	1500	450	
	中	1900	1350	420	
	小	1850	1200	420	
单人床	大	2000	1050	450	
	中	1900	900	420	
	小	1850	850	420	

常用尺度（mm）如下：

1. 饭店客房尺度

（标准房间面积：大 25m²，中 16～18m²，小 16m²）

床靠高度：850～950

床头柜尺寸：宽：500～800

　　　　　　高：500～700

　　　　　　厚：400～500

写字台尺寸：长：1100～1500

　　　　　　宽：550～650

　　　　　　高：700～750

行李台尺寸：长：900～1050

　　　　　　宽：500

　　　　　　高：400

衣柜尺寸：长：800～1200 深：500～600

沙发尺寸：宽：600～800

　　　　　高：350～400

　　　　　靠背高：800～1000

2. 餐厅尺度

餐桌高度：750～790

餐椅高度：450～500

圆餐桌直径：2 人：600

　　　　　　3 人：800

　　　　　　4 人：900

　　　　　　5 人：1100

　　　　　　6 人：1100～1250

　　　　　　8 人：1300

　　　　　　10 人：1500

　　　　　　12 人：1800

矩形餐桌尺寸：2 人：700×800

　　　　　　　4 人：1350×850

　　　　　　　8 人：2250×850

餐桌转盘直径：700～800

酒吧凳高度：600～750

酒吧台高度：900～1050，宽度 500

3. 卫生间尺度

（卫生间面积 3～5m²）

浴缸长度：1680，1520，1220

浴缸宽度：720，高度：450

坐厕尺寸：750×350

扫洗器：690×350

盥洗盆：550×410

化妆台：长：1350，宽：450，高：600

衣帽钩高度：1400～1600

4. 会议室尺度

中心会议室容客量：会议桌边长：600

环式高级会议室容客量：环式内线：700～1000

5. 办公室尺度

办公桌：长：1200～1600

　　　　宽：500～700

　　　　高：700～800

办公椅：高：400～450

　　　　长、宽：400～450

沙　发：宽：600～800

　　　　高：350～400

　　　　靠背高：1000

茶　几：前置型：900×400×400

　　　　中心型：900×900×400

　　　　墙角型：700×700×700

　　　　左右型：600×400×400

书　柜：宽：1200～1500

　　　　高：1800

　　　　深：450～500

书　架：高：1800

　　　　宽：1000～1300

　　　　深：350～450

斗　柜：高：600～700

　　　　深：400～600

复习思考题

1. 建筑装饰设计与人体工程学的关系？

2. 人体工程学为家具设计提供了哪些依据？

3. 人体工程学与人的感觉适应力有何关系？

第4章　建筑装饰设计与室内空间

第1节　概　　述

一、空间是建筑的特征

　　建筑与其他艺术品的一个重要区别在于它通过三度空间将人包围在其中。绘画所使用的是两度空间，尽管所表现的是三度或四度的空间。雕刻是三度空间，但却与人分离。而建筑则像一座巨大的空心雕塑，人除了可以领略其外观的风采外，还可以进入其中并在行进中感受其效果。建筑艺术不仅仅在于建筑体型外立面还在于被围起来供人们生活和活动的内部环境空间。住宅、教室或府邸的立面和墙面不管多么好看，却只不过是一个外表、一个由墙面形成的盒子，它所装的内容则是内部空间。图4-1所示为世界建筑大师贝聿铭

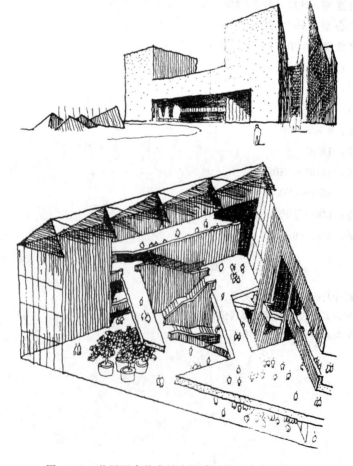

图 4-1　美国国家美术馆东馆建筑外、内部透视图

先生设计的美国国家美术馆东馆，该建筑外部刚硬挺拔的三角形造型和内部高大宽敞的三角形空间完全吻合。这一内部空间正是由外部造型围合出来的，而人们使用的正是内部空间，所以空间是建筑的特征。

在建筑中，人是行动的，是从连续的各个视点察看建筑的，观看角度在时间上延续的移位就给传统的三度空间增加了新的一度空间。就这样，时间被命名为“第四度空间”。空间——空的部分——应当是建筑的“主角”，建筑不单是艺术，它不仅是对生活的认识的一种反映，也不仅是生活方式的写照，建筑是生活环境，是我们生活展现的“舞台”。

二、室内空间形态的分类

所谓室内空间的形态可分为两大类，即个体室内空间形态和群体室内空间形态。实际空间形态千变万化，为了便于学习、研究将空间形态适当的概括、简化，如图 4 - 2 所示。

如果按室内空间虚实形式及围合方式围透程度来划分，还可分为开放空间、半开放空间、闭合空间，如图 4 - 3 所示。

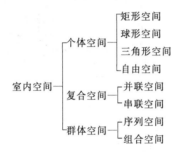

- 室内空间
  - 个体空间
    - 矩形空间
    - 球形空间
    - 三角形空间
    - 自由空间
  - 复合空间
    - 并联空间
    - 串联空间
  - 群体空间
    - 序列空间
    - 组合空间

图 4 - 2　室内空间形态的分类

- 室内空间
  - 开放空间
  - 半开放空间
  - 闭合空间

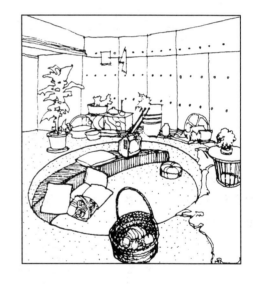

图 4 - 3　室内空间形态的分类

图 4 - 4　下沉空间

此外，由于“虚”、“实”对室内空间设计影响很大，它是室内空间形态千差万别的关键要素之一。反之，空间的用途、性质、使用功效和当地的自然条件、建筑材料、施工技术、设备条件对空间虚、实程度的设计也有很大的制约作用。

如果按室内空间构成划分，还可分为如下空间类型：

1. 水平界面标高变化可分为：下沉空间、地台空间、悬浮空间等类型

(1) 下沉空间

室内地面局部下沉，限定出一个标高较低的明确空间，使人产生较强的围护感，具有内向的性格，处在其间环顾四周，视觉感受新鲜有趣。在高差边界布置围栏、陈设、绿化、座位，既达到提醒、导向作用，又有很强的装饰性。二层以上要设计下沉空间，受结构限制可采用抬高周围地面来实现，如图 4 - 4 所示。

（2）地台空间

室内地面局部抬高，靠抬高面的边缘划出一定的空间，在地台上人有居高临下的优越方位感，其本身也具有一定的展示性，成为目光焦点。地台空间性格外向，如将家具、设备、地面与地台空间结合设计可充分利用空间，如图4-5所示。

（3）悬浮空间

结构上采用吊杆悬吊上层空间的底界面，给人以新颖、轻盈的悬浮感，由于底面没有支撑结构，可灵活自由利用空间，视野通透开阔，如图4-6所示。

图 4-5 地台空间

图 4-6 悬浮空间

2. 垂直界面局部凹凸变化可分为：凹入空间、外凸空间

（1）凹入空间

凹入空间是室内某一垂直界面——墙面或墙角局部凹入形成空间，这种空间只有一至两个开敞的面，领域感、私密性较强，由于受干扰少，通常作为睡眠休息、用餐雅座、服务台等用途的空间，如图4-7所示。

图 4-7 凹入空间

（2）外凸空间

外凸空间是室内凸出室外的部分，与室外空间联系紧密，视野开阔，结合建筑外部造

型可设计处理出许多建筑装饰符号，丰富了建筑造型。外凸空间为玻璃顶盖时，还具有日光室的功能，如图4-8所示。

设计凹、凸空间时，切莫勉强、盲目，要结合原土建结构，最好在已具备凹、凸条件墙面结构的情况下，因地制宜进行这种空间的设计。

3. 运用实质环境要素可创造结构空间，运用非实质环境要素可创造虚拟空间、迷幻空间

图4-8　外凸空间

（1）结构空间

结构空间是现代空间艺术审美中极为重要的创造手法，这种空间充分利用造型本身就很美的结构，体现结构等实质环境要素的科技感、力度感、现代感，从而强化室内空间的表现力，比一些繁琐和虚假的装饰空间，更具震撼人心的魅力，是真、善、美的再现，如图4-9所示。

(a)

(b)

图4-9　结构空间
(a) 混凝土结构；(b) 木结构

（2）虚拟空间

图4-10　虚拟空间

虚拟空间又称"心理空间"，以室内的各种陈设、家具、绿化、水体、照明、色彩、材质肌理为联想契机，通过人的"视觉完形性"来划定空间。因此这种空间限定性弱，没有十分完备的空间隔离形态，但可以用很少的装修，获得理想空间感的空间，如图4-10所示。

（3）迷幻空间

运用五光十色的照明、跳跃变幻的光影、抽象的图案、动荡的线型、强烈的色彩等非实质性环境要素，追求新奇、动荡、神秘、幽深、变幻莫测、光怪陆离的戏剧性的空间效果，造型通常采用断裂、扭曲、错位、倒置及特殊的肌理，多

角度镜面玻璃反复折射等手法，达到创造迷幻空间的目的，如图4-11所示。

图 4-11 迷幻空间

4. 运用空间体量大、小变化与组合，可创造母子空间、共享空间

（1）母子空间

母子空间在大空间中运用实体性或象征性手法，再次限定出若干有规律性、韵律感的小空间，这种大、小空间之间的关系，在同一空间里非常融洽，各得其所。由于再次限定出的小空间，具有一定的私密性和领域感，又与大空间相互沟通，是闹中取静的最佳空间构成，适合在舞厅中分隔出半封闭和全封闭的包房，在大餐厅中分隔出特色餐饮包厢等，如图4-12所示。

图 4-12 母子空间

（2）共享空间

共享空间是大型公共建筑（如宾馆、饭店）内的公共活动中心和交通枢纽，运用多种空间要素和设施，将空间处理成内中有外、外中有内、大中有小、小中有大、相互穿插交错极富流动性的内庭形式，是主动与自然和谐的，有较大挑选性、综合性的多用途灵活空间，充分满足人们在精神上和物质上的要求，国外称这种共享空间为波特曼中庭，如图4-13所示。

图 4-13 共享空间

5. 在动静关系上可分出动态空间和静态空间

（1）动态空间

动态空间是人在空间中视点移位和时间延续形成的"第四度空间"，是将"动"这个概念移植到室内空间设计中所体现的一种空间构成，充分运用机械化、电气化、自动化的成果（如观光电梯、自动扶梯、旋转地面，各种电子信息光屏，可调节的围护面及各种管线等）；对比强烈的图案和有动感的线形；跳跃变幻的光影，动人的背景音乐；能启发人对动态联想的楹联、匾额以及流水、瀑布、小溪、禽鸟等自然景物，组织成灵活的、多向的、连

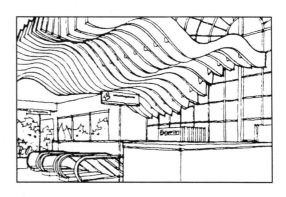

图 4-14 动态空间

续的、视线通透的、令人有流动感的空间系列，如图4-14所示。

（2）静态空间

按人动静结合的生理规律和活动规律，在创造动态空间的同时创造出静态空间，以满足人们对动和静的交替追求及心理上的动静平衡。这种空间多为空间序列快结束的尽端空间，是封闭型的限定度较强的私密空间，没有强制性视线引导因素，视线转换平和，并充分运用和谐的色调、幽雅的光线、简洁的装饰来加强这一效果，如图 4 - 15 所示。

图 4 - 15 静态空间

三、室内空间形态心理

千变万化的室内空间形态，会令人产生相对应的心理感受，了解这些，装饰设计师就可以更好地把握建筑师的意图，从而在建筑装饰设计阶段将其进一步深化，进行完美的表达。

（一）室内个体空间的形态心理
1. 矩形空间形式

矩形空间是室内空间中使用最多的一种形式。它的四个墙面长度接近而不单调，各墙面之间有明显的直角关系，平面有较强的单一方向性，立面却无多向感，是一个稳定的空间，是良好的停留空间。不同比例的矩形空间会让人产生不同的心理感受，如图 4 - 16 所示，水平型空间给人以宽广感，垂直型空间给人以高耸感，纵深型空间给人以导向感。

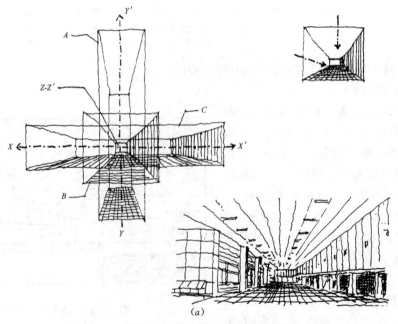

(a)

图 4 - 16 纵深型、垂直型、水平型矩形空间（一）

(a) 纵深型

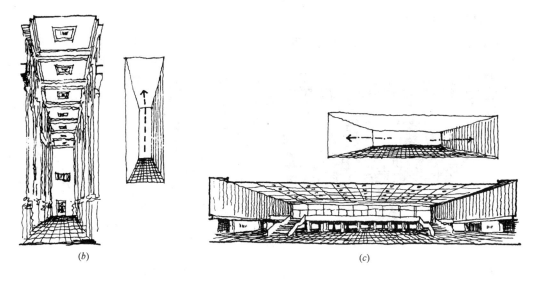

(b) (c)

图 4-16 纵深型、垂直型、水平型矩形空间（二）

(b) 垂直型；(c) 水平型

2. 拱形和球形空间形式

这种空间在几何形式上有球心，所以空间感受上有向心方向感，让人感到收缩、团聚、安全。图4-17所示为某天文瞭望台球形空间，因为有一个明显的球心而具有向心性和收敛性。图4-18所示为某展览馆大厅拱形空间，由于任何横截面都具有一个圆心，所有圆心轨迹形成了一条纵向轴线，因而具有很强的方向感。

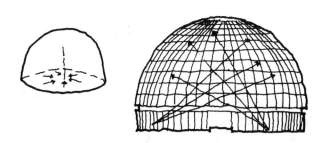

图 4-17 天文瞭望台球形空间

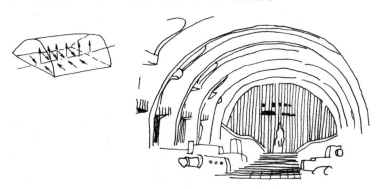

图 4-18 展览馆拱形空间

3. 锥形空间形式

锥形空间是平面对折线形空间的一种，

图 4 - 19 美术馆展览厅局部

示为某图书馆书库、阅览室向目录厅开敞，

平面有向外扩张之势，它的三角形墙面逐渐向最高点集中，立面有向上的方向感，具有提高空间的心理感受，富有动感。图4－19所示为某展览馆局部，锥形顶棚有向上的方向感，使人有提高空间的心理感受。

4. 自由形空间形式

平、立、剖面形式复杂多变而不稳定，因而表情十分丰富，扑朔迷离，有一定的特殊性和艺术感染力，但建筑结构较复杂，所以适用于特殊的联系或艺术性能较强的空间而不适于大面积推广。

（二）复合空间的形态心理

1. 并联式室内空间

并联式空间之间相互干扰少，隔绝性较强，有适度的联系。虽然亲密性差，但自主性强，所以在公共建筑和住宅中广泛应用。图4-20所示为海口宾馆客房层平面，所有客房向走道开门，各自独立，客房间相互干扰少。图4-21所示各空间功能单一，便于管理。

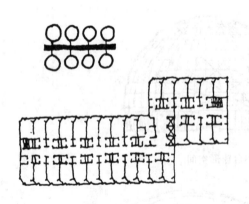

图 4 - 20 海口宾馆客房层平面

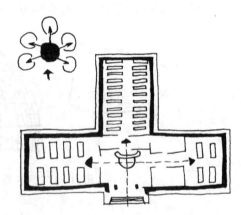

图 4 - 21 图书馆书库、阅览室平面

2. 串联式室内空间

相对于前者而言，这种空间形式联系性强，既有亲切感，又有适度的划分；既有空间的秩序性，又使空间具有层次感，是良好的家庭生活空间。图4-22某展览厅各展室相互连通，便于人们欣赏展品。图4-23所示为著名的埃佛森美术馆二层的四个展室，四个展室呈风车状围绕中庭布置，使欣赏展品的人们可以不重复地穿过所有展室，充分体现串联式室内空间在展览厅这类建筑中的优越性。

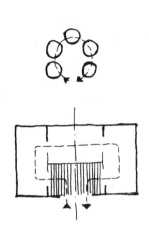

图 4 - 22 展览厅展室

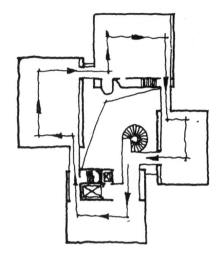

图 4 - 23 埃佛森美术馆二层平面

（三）群体空间的形态心理

1. 序列空间

这种空间由多个空间形成由低潮到高潮的线性序列，层次感强，人在行进过程中，精神也受到感染，并产生庄严、肃穆、隆重的感受。适用于纪念堂、纪念馆、法院等纪念性强、文化气息浓厚的室内空间。

2. 组合空间

这种空间是以某个空间为中心，按主次关系加以组合形成的空间形式。这种空间向心性强，主次分明，组合自由，平易而亲切。

四、空间的围透给人的心理感受

（一）开放空间

这种空间视域宽广，与自然联系性强，关系亲密。它产生的积极心理感受是开朗、博大、奔放，但也会产生空旷、孤独、冷漠和不安全的感受。它适用于郊外别墅、观景台等室内空间。图 4 - 24 所示为勒·柯布西耶设计的别墅，该别墅采用的带形窗将远处景色尽

图 4 - 24 勒·柯布西耶设计的别墅室内透视图

收入室内，使室内空间轻松而明亮。

（二）半开放空间

这种空间使人产生有突破感的心理反应，而局部的通透则是人与自然对话的场所，视线从这里向外面的世界延伸。图4-25所示为某小住宅室内拱形的窗，既为室内提供采光、通风等条件，同时又将室外的景色引入室内，而窗框成为该景色的景框。

图 4-25 开拱形窗的住宅室内透视图

（三）闭合空间

这种空间是指完全封闭的房间，是建筑师经常提及的"黑房间"，无自然通风和采光，在实际设计中是很少见的，但在地下建筑和某些大进深建筑中很难避免。这种空间会令人产生封闭、局促、狭隘甚至窒息的心理影响。从另一种角度看，有时也会带来安全、宁静和密切的心理联想。图4-26所示为某小餐厅室内，没有窗户，完全封闭，营造出一个私密、宁静、安定的饮食空间。

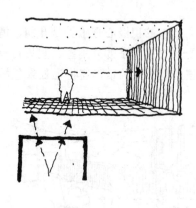

图 4-26 全封闭的小餐厅

五、空间的连接

在室内空间的组合中，我们必然会碰到空间连接的问题，尤其是两个或多个大空间的连接过渡常常是设计作品成败的关键因素。所以我们必须采用一定的空间过渡手法使其过渡自然，从而产生连续的节奏感。

（一）间接连接

间接连接就是在两个大空间之间插入一个较小的过渡空间，从而使两个空间的连接产生弹性，使人在行进于两个空间之中时有一个缓冲阶段。所以作为过渡空间，体量一定要小，明度要低，这样才可以隐匿自身，而突出被它连接的空间。图4－27所示为北京火车站二层平面，从围绕中央大厅的二层回廊向各个候车室的路线均有一个低而小的空间进行过渡，使两个大空间的连接富有弹性，起到一定的缓冲作用。图4－28所示为贝聿铭先生设计的威尔逊图书馆，共享大厅两侧的空间通过跨越中庭的天桥进行间接连接，起到了巧妙的缓冲作用。间接连接的另一种方法是通过楼梯将两个垂直正对的空间进行连接。

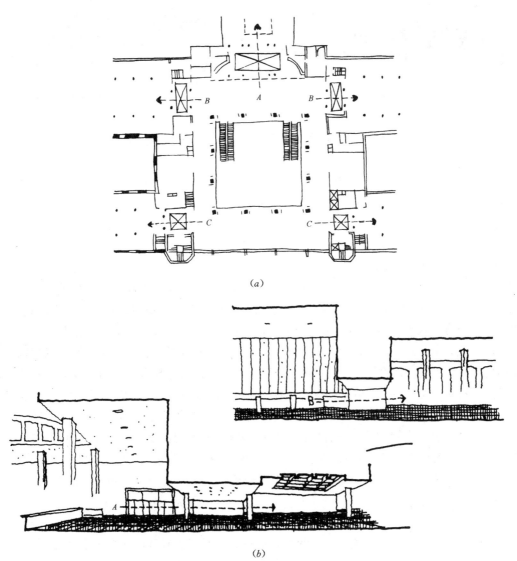

（a）

（b）

图 4－27 北京火车站

（a）二层平面图；（b）局部透视图

（二）直接连接

所谓直接连接是指两个空间之间通过门窗洞口直接相连，根据要求，连接的开洞位置准确，大小合适，从而可以产生连接上的强、弱不同的感受。图4-29所示为某一住宅单元中卧室与客厅通过门直接连接，简短便捷，干脆利落。

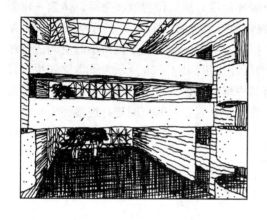

图 4-28 威尔逊图书馆的共享大厅　　　　图 4-29 住宅中卧室与客厅局部透视图

第2节 建筑装饰设计的美学法则

建筑装饰设计美学法则的内涵指从审美的角度理智寻求、有意识体现的一种形式美。形式美是建筑装饰设计作品给人以美感享受的主要因素。美是可以感知的，但只能通过形式体现出来，因为人们在审美活动中首先接触的是形式，并通过形式唤起人们对美的感应，对内容的接受。美是不能离开形式的，但不是所有的形式都是美的。其基本属性有点像语言文学中的文法，掌握了文法可以使句子通顺，不出现病句，但不等于具有了艺术感染力。所谓形式，意指具有可见性形状及其部分的排列，有了两个以上部分的组合，也就有了形式。在建筑装饰设计中所构成的形式美，就是借物质来表达某一种功能和内容的特殊形式，并以此为媒介激发人们对美的不同感受和情绪，与设计师之间产生共鸣，共鸣的程度愈大，感染力就愈强，如有的建筑装饰设计使人感到雄伟，有的使人感到庄严，有的使人感到幽雅，有的使人感到亲切，有的使人感到神秘，从而使建筑装饰设计具有了不同程度的艺术魅力。形式美是有规律可寻的，其法则具有普遍性、必然性和永恒性，与人们审美观念的差异、变化和发展是两个不同的范畴，不能混为一谈。前者是绝对的，是许多不同情况下都能应用的一般原则；后者是相对的，随着民族、地区和时代的不同而发展变化的。绝对存在于相对之中，并体现在一切具体的艺术形式之中。具体说来，形式美具有统一、协调、变化、多样、对比、均衡、比例、韵律等某一种或几种属性。

一、统一、协调

任何艺术表现必须具有统一、协调性，这点似乎所有的造型设计都是适用的。即在于有意识地将多种多样的不同范畴的功能、结构和构成的诸要素有机地形成完整的整体，这就是通常称作建筑装饰设计的统一性，取得统一的几种方法如下：

（一）协调

在形式美法则中，协调是取得统一的主要表现方法。协调是指强调联系，表现为彼此和谐、具有完整一致的特点。图4-30所示为路易斯·康设计的肯贝尔美术馆，该馆通过同一形式的筒拱屋顶取得协调。图4-31所示为某展览馆通过六边形空间母题的重复取得协调。

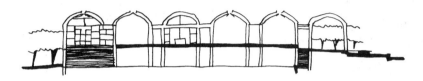

图 4-30 肯贝尔美术馆的筒拱屋顶

（二）主从

讲究主从关系，就是在完整而统一的前提下，运用从属部分来烘托主要部分，或者是用加强手法强调其中的某一部分，以突出其主调效果。图4-32所示为某体育馆大型顶棚吊顶，将体育馆空间的重点——比赛场地界定出来。图4-33所示为某建筑物由于种种限制，平面呈不规则形状，但通过采用一个极规则的正方形中厅而使建筑秩序井然。

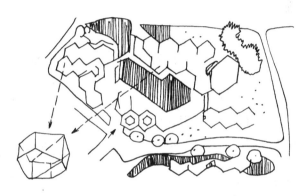

图 4-31 展览馆的六边形空间组合

图 4-32 体育馆大型顶棚吊顶透视图

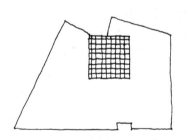

图 4-33 一个不规则形状建筑物平面图

（三）呼应

呼应是在室内空间一般缺乏联系的各个不同形体或立面上，如柱的顶与脚、柱与墙面、墙面与门套、窗套等，运用相同或近似的细部处理手法，使其在艺术效果一致性的前提下，取得各部分之间的内在联系的重要手段。图4-34所示为某建筑采用45°角作为平面设计母题，整个建筑空间从大到小相互呼应。

1. 构件和细部装饰上的呼应

在必要和可能的条件下，可以运用相同或近似的构件，配置于各个不同的局部或形体上，使之出现重复，以取得它们之间的呼应。例如，采用同一式样的拉手、五金件或饰件，就能使不同功能空间在外观上取得统一效果。

2. 色彩和质感上的呼应

构图中，常在主色调中的局部，运用一些相应的对比色，如紫与黄、黑与白等，以取得醒目的呼应。或利用材料、质感之间的微细差异，也能给人一种呼应的统一感。

图 4-34　45°角形状
建筑物平面图

二、变化、多样

室内空间是由若干具有不同功能和结构意义的形态构成因素组合而成的，于是形成为各部分的体量、空间、形状、线条、色彩、材质等方面各具特点的差异。在建筑装饰设计中，要充分考虑和利用这些差异，并加以恰当的处理，就能在统一的整体之中求得变化，使空间造型在表面上既和谐统一，又丰富多变。通常认为有对比、韵律、重点等几种表现方法。

（一）对比

所谓对比，是形式各要素间的对比关系，强调要素之间的差异，表现为互相补托，具有鲜明突出的特点。形成对比的因素是很多的，如曲直、动静、高低、大小、色彩的冷暖等。建筑装饰设计中，常运用对比的处理手法，构成富于变化的统一体，如形如方圆的对比，空间的封闭与开敞；颜色的冷暖；材料质地的粗细对比等，注意对比只限于同一性质的差异不同。如果在小面积中，对比要素很靠近，对比产生的效果很强烈，比较集中，并形成了趣味中心，这种对比称为同时对比，但处理要恰当，否则易产生杂乱无章的感觉。相反对比要素距离较远，会产生一种温和的对比，对趣味中心起烘托作用，这种对比称为间隔对比。图 4-35 所示为园林建筑常采用的先抑后扬的手法，经过狭长空间后再到主园林庭院，空间对比强烈，有豁然开朗之感。图 4-36 所示为圣·索菲亚大教堂的低矮门廊和高大圣坛的对比，除了令朝拜者视觉得到强烈震撼外，更令他们对天国心驰神往。图 4-37 所示为中国美术馆平面，采用了方形、矩形、半圆形、环形进行组合对比，变化多样，有活跃感。

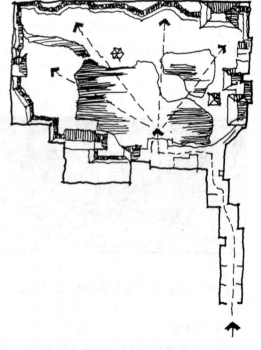

图 4-35　某园林建筑总平面图

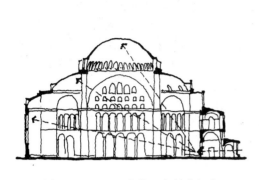

图 4-36　圣·索菲亚大教堂门廊

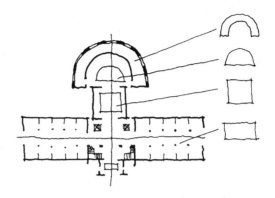

图 4-37　中国美术馆平面图

（二）韵律

造型设计上的韵律,系指某种图形或线条有规律地不断重复呈现或有组织地重复变化。这恰似诗歌、音乐中的节奏和图案中的连续与重复,以起到增加造形感染力的作用,使人产生欣慰、畅快的美感。无韵律的设计,就会显得呆板和单调。韵律可借助于形状、颜色、线条或细部装饰而获取之。

1. 连续韵律

由一个或几个单位组成的,并按一定距离连续重复排列而取得的韵律,称连续韵律。图4-38所示为哥特教堂尖券的连续韵律。图4-39所示为北京火车站候车厅的连续韵律。

(a)

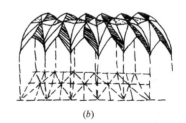

(b)

图 4-38　哥特教堂的韵律

（a）哥特教堂局部透视图;（b）哥特教堂尖券的韵律效果

2. 渐变韵律

在连续重复排列中,将某一形态要素做有规则的逐渐增加或减少,所产生的韵律,称渐变韵律。图4-40所示为某展览馆的渐变韵律。

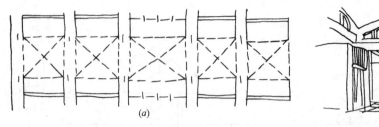
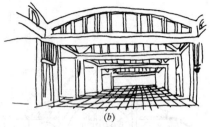

图 4 - 39　北京火车站候车厅连续韵律

（a）局部平面图；（b）局部透视图

3. 起伏韵律

在渐变中，形成一种规律的增减，而且增减可大可小，从而产生时高时低、时大时小、似波浪式的起伏变化，称起伏韵律。图4-41所示为某大型厂房顶棚的起伏韵律。

图 4 - 40　展览馆局部透视图

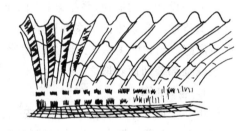

图 4 - 41　大型厂房顶棚局部透视图

4. 交错韵律

有规律的纵横穿插或交错排列，而产生的一种韵律，称交错韵律。在具体运用上，有时也可通过交错韵律的重复，取得连续韵律的效果。交错韵律较多地用于顶棚、墙裙装饰细部的处理。

以上四种韵律各有其特点，又有其连续性、重复性、条理性的共同点，这两点在建筑装饰设计中运用得好，可以在求得丰富多彩变化的同时，又能强化空间的整体与统一。

（三）重点

重点是指善于吸引视感注意力于某一部位的艺术处理手法。其目的在于打破单调的格局，加强变化，产生明显的主次关系，突出主体的高潮，形成某室内空间的趣味中心。

1. 对比法的突出重点

对于某些过于单调的室内空间，除了运用色彩和线脚进行有效的对比处理外，还可以选用精致而合体的软包、压线造型、五金灯具、饰件作为重点处理，或选择适宜的部位，如某一根柱、某一档门缀以重点装饰，获取华素适宜的对比效果。

2. 加强法的突出重点

重点表现的另一方法，是选择室内空间中某一部分进行艺术加工。如门的门套突出部分，墙和顶棚转折处的阴角部分，视线易于停留的焦点等处，运用艺术加强的手法，强调其艺术表现力。

三、比例、尺度

室内空间的比例包含两方面的内容：一方面是整体或者它的局部本身的长、宽、高之间的尺寸关系；另一方面是室内空间与家具陈设彼此之间的尺寸关系，研究比例关系，是决定装饰设计形式美的关键。

（一）几何形状的比例

对于形状本身来说，当具有肯定的外形而易于吸引人的注意力时，如果处理得当，就可能产生良好的比例。所谓肯定的外形，就是形体周边的"比率"和位置，不能加以任何改变，只能按比例地放大或缩小，不然就会丧失此种形状的特性。例如正方形，无论形状的大小如何，它们的周边的"比率"永远等于1，周边所成的角度永远是90°；圆形则无论大小如何，它们的圆周率永远近似于3.1416；等边三角形也具有类似的情况。而长方形就不是这样，它的周边可以有各种不同的比率而仍不失为长方形，所以长方形是一种不肯定的形状，但是经过人们长期的实践，探索出若干种被认为完美的长方形。

1. 黄金比

毕达哥拉斯为了推敲比例，试把一条有限直线分为长短两段，反复加以改变和比较，最后满意地得出：短比长相当于长比全，而且长短相乘得出的面积也是同样的比例。古希腊美学的主要奠基人之一柏拉图把这个悦目的比例称为"黄金分割"，并发现了比例和音乐节奏的密切联系。他还认为黄金分割蕴藏着创世的秘密，甚至把它奉为恒美的比例。

2. 黄金尺

现代著名的建筑大师勒·柯布西耶根据人体比例的研究，将黄金分割进一步发展成"黄金尺"，谋求建筑造型的合理性。其实虽然比例可以发端于对人体的研究，可是一旦当它作为一项独立的科学法则时，它就不再受自然界的限制，而是按照人的理想尺度创造更加科学的数比形式了。因此，永恒的比例美是不存在的。随着时代发展，美的观念和习惯也在发展，它永远不会一成不变。

3. 等差数列比

所谓等差数列比就是指形式间的数比差是相等的，如1∶2∶3∶4∶5∶6……。如果用造型的具体形象表示的话，则成为相等的阶梯状。平均比例关系在造型上是较单纯的，因为它同普通的量尺没有什么本质区别。

4. 等比数列比

等比数列比，即各项比例关系呈一定倍数关系，如1、2、4、8、16、32、64……。它比起等差数列比具有更好的韵律感。

5. 平方根比

这种比例，简单地说就是以第一个正方形的对角线做第二个矩形的长边，再以第二个矩形的对角线作为第三个矩形的长边……以此类推。

（二）几何形状的组合比例

对于若干几何形状之间的组合，或者互相包含，如果具有相等或相近的"比率"，也能产生良好的比例。

上面谈到的这些按"数"的自然规律而形成的比例法则，为建筑装饰设计赋予了科学意义，但这些比例规律不是绝对的。几何形状的比例，毕竟是从属于结构、材料、功能以及环境等因素。所以，我们不能仅仅从几何形状的观点去考虑比例问题，而应综合各种形式比例的因素，做全面地平衡分析，有利于创造新的比例构思。

四、均衡

均衡，也可称平衡。在装饰设计中，均衡带有一定的普遍性，在表面上具有安定感。由于室内空间是由一定的体量和不同的材料所组合，常常表现出不同的重量感，均衡是指室内空间各部分相对的轻重感关系。获得均衡的方法是多方面的，具体分析如下：

（一）对称均衡

对称，也可称为均齐。所谓对称均衡，就是以一直线为中轴线，线之两边相当部分完全对称，有如天平之衡。对称的构图都是均衡的，但对称中需要强调其均衡中心，若把一些竖线按等距离无限排列，虽然产生均衡现象，但因找不到明显的均衡中心，在视觉上没有停留的地方，故其效果必然是既乏味又动荡不安，如在其间强调出均衡中心，那么一种完美而宁静的均衡表现就会油然而生。

（二）非对称均衡

当均衡中心两边形式不同，但均衡表现相同时，我们称之为非对称均衡，有如秤的杠杆的重心平衡。为了造型设计上的要求，可以有意识处理成不同的非对称均衡形式来丰富造型的变化。非对称均衡比对称均衡更需要强调其均衡中心，因为非对称所形成的多变性，常常导致紊乱，单凭视感去审视均衡是较困难的。所以，在构图的均衡中心上，必须给予十分有力的强调，这正是非对称均衡的重要原则。

室内空间造型的均衡还必须考虑另一个重要的因素——重心。人们在实践中，遵循力学原则，总结了重心靠下较低，底面积大，就可取得平衡、安定的经验。好的均衡表现必有稳定的重心，它给外观带来力量、稳定和安全感。此外，有些装饰设计，并不以体量变化作为均衡的准则，而是利用材料的质感和较重的色彩，形成不同的重量感来获得重心稳定的均衡感。

五、比拟和联想

建筑装饰设计作为一种艺术创作来说，可以设计成各种个性特征，可以是优雅的，富有表情的，庄严的，活泼的，力量的或具有经济、效率的特征等等，但是它必须与空间功能有着联系的特征。这些个性特征，在具体表现上，常常与一定事物的美好形象的比拟与联想有关。例如，在一些要求表现庄严气氛的会议厅，建筑装饰设计常采用对称、端正的轮廓和正面形象，着重材料质感的运用和细微的艺术处理，讲究色彩的稳重而不过于华丽的效果，这些都与庄重典雅的概念接近。而在一些娱乐活动的场所，如文化宫、音乐厅、展览厅等处，大多采用优美的形体曲线、奔放明快的色彩，以取得亲切、愉快、感人的效果。儿童活动空间的设计，就是融合这两种功能内容成为饶有风趣的构思。它以儿童喜爱而熟悉的联想作为构思的素材，运用各种比拟方法进行造型设计，除在形体构图上，采用具有一定象征意义的事物形象，还在色彩上，采用鲜明、活泼的对比色。诚然，运用概念的比拟与联想，必须力求恰当。也就是说，要恰如其分地正确表达功能内容，其中包括使用功能和精神功能。

第3节 室内空间与功能

功能即实用性是建筑的重要特征之一。而功能则是通过建筑中空的部分——即室内空间来实现的。我们在体量、形状各异的室内空间进行着居住、办公、娱乐、生产等等活动，而各种不同的功能也需要与之相适应的室内空间形式。所以，功能问题是设计中的主要矛盾，对功能问题的研究，无可非议地属于第一位的设计研究课题。设计必须满足功能与空间形式提出的要求，否则徒具形式美而与实际需要相背离，则是毫无实际意义的。这就需要设计师以实事求是的态度在设计工作之初对功能进行一番仔细的研究。例如，旅馆、公寓、住宅都有居住性的功能，它们的异同点体现在何处？由于信息化时代的到来，公共建筑的功能日益复杂，甚至出现了许多多功能的建筑。图4-42所示为斯特林设计的奥利维梯学校多功能厅平面图。该建筑空间通过对室内进行不同的分隔布置，可以具有观演厅、教室、会议厅、音乐厅等多种功能，这一建筑实例证明同一空间通过处理可以满足不同的功能。所以，面对室内功能问题不能拘泥于某种套路，而要以人的行为方式为着眼点，紧跟时代步伐，这是设计师必备的基本素质。图4-43所示为彭一刚先生设计的某展览厅方案，

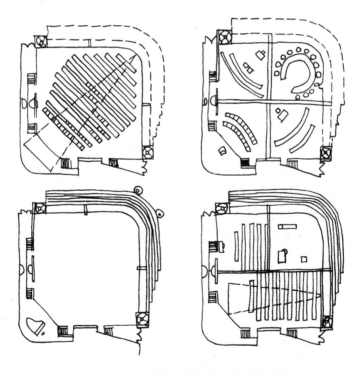

图 4-42 奥利维梯学校多功能厅平面图

设计者对参观路线进行了较为深入的研究，各展室采用并联式布局，通过走廊连接，在走廊两侧设置馆名和内容简介。考虑到展馆面积较大，展馆较多，这样便于参观者有选择地进行参观，也保证了各展室内部的安静，少受干扰。只有设计者敢于突破常规，认真研究功能，才能设计出经得起推敲，耐人寻味的作品。

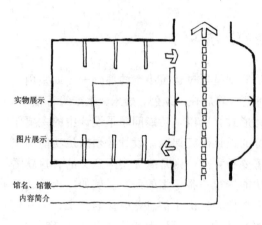

实物展示

图片展示

馆名、馆徽
内容简介

图 4-43 展览厅参观路线平面图

在此基础上，设计师可以通过种种处理手法，让使用者感受到美感，精神上得到陶冶，这就对设计师提出了更高的要求。

一、空间的主次关系

在确定了空间的性质之后，便要根据其使用要求来安排空间。供人们从事特定活动的主要空间和辅助人们完成这一活动的从属空间之间的关系即空间的主次关系。要解决室内的功能问题，首先要清楚主次关系的相互制约性；人们从事生产、学习、生活等活动不仅对单纯的使用空间有一定要求，还对相应的辅助空间提出一定要求。例如，一个普通的餐馆之所以能开展营业活动，除了具备人们进行饮食休息的餐饮空间，还要具备一系列的如厨房、仓库等不可分割的辅助空间。在设计师的头脑中必须牢固建立起主从空间的概念，这样有助于分析复杂空间的矛盾，抓主要矛盾，抓矛盾的主要方面，从而有条不紊地组织空间。一旦室内空间的主次关系得到妥善的处理，室内装饰设计的主次、进度也就随之分明了。

二、空间的分区

根据空间使用性质，可分为公共空间和私密空间。前者如公共建筑中的门厅、休息室、餐厅等，居住建筑中的起居室、客厅等，后者如公共建筑中的高级办公室、客房等，居住建筑中的客房、卧室等。前者人流集中，具有"闹"的特征，后者人数较少，要求宁静、隐蔽，具有"静"的特征。任何建筑及室内的存在都不是孤立的，内部的闹与静之间除了进行联系，还要进行必要的分区，从而达到功能明确、互不干扰、使用舒适的要求。设计师要善于利用技术手段来处理闹、静隔离的问题，例如对于迪斯科舞厅的音响，振动的隔离是运用隔声材料，运用减弱振动的构造技术来处理的。设计师要善于通过各种设计手法对空间进行分隔，甚至对原有建筑内部进行重新分隔组织，从而更好地符合功能的需要。

三、空间的流通

人们在室内从事生产、生活、工作、学习需要一定的活动范围，其活动具有一定的方式，而人在室内空间中的动作幅度是可以做数量分析的。按不同的行为做空间的基本尺度研究，便于我们确定单位空间的容量，找到做设计和确定尺寸的依据。人是在不断运动的，各种动作之间也有连续性。因此也就产生了根据人体解剖学、生理学、心理学的特性，了解并掌握人的活动能力及其极限，使生产器具、生活用具、工作环境、起居条件等和人体功能、尺度相适应的科学——人体工程学（第3章已详述）。对空间容量的考虑要符合人体工程学尺度的基本要求。画家为了显示其个性可以画比人还要低的门，但是设计师无论如何都要在满足人体工程学的基础上进行设计，有时考虑到同一种动作的多人次重复，以及其他行为同时发生的复合性要求，对空间容量还要留有一些余地。例如，人在餐馆中的基本行为是坐下来吃东西，首先要确认单位空间尺寸，然后考虑二人组合、三人组合及多人组合所需的空间尺寸,外加服务员送餐、清理桌椅的活动要求和顾客进出、服务员迎送顾客的流通空间等等。设计时先要拟定空间容量、平面尺寸,然后设计流线,布置家具及设备。

人们从事一种活动,具有一定的方式及顺序,例如去电影院看电影,就要先后完成买票、候演、观看、散场等不同活动的动作。而在设计一个电影院时,就必须按以上的行为方式进行空间的安排和组织,将售票口置于最外边,进而是门厅,然后是观演大厅,散场时人数众多,时间集中,所以要安排多个疏散口。另一个与空间流通紧密相关的问题是水平、垂直交通的合理组织问题。这就对人流活动的路线即流线设计提出较高要求。流线设计的好坏关系到空间的使用效率、建筑的使用效果。在现代建筑中,空间流通纵横交错,所以室内流线要通畅、直接,不要过于迂回曲折,方向要清晰、明确、易于识别,同时也要求流线功能尽量单一,避免交叉,这样才不致于干扰交通和造成不同功能的室内空间相互干扰。

总之,在流线组织时要注意人流分配得当、流线组织合理、疏散方便安全。图4-44所示为某火车站候车大厅水平交通流线示意图。图4-45所示为某宾馆门厅交通组织示意图,门厅内部功能复杂多样:有总台、电梯、楼梯、休息室、寄存,并可通向餐厅和管理用房。在这种情况下,流线组织如不合理,将导致门厅秩序紊乱。图示门厅设计中,在众多矛盾中抓住主要矛盾,将去电梯、总台和餐厅的三股人数较多的人流分开组织,不交叉,从而

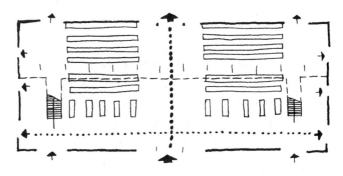

图 4-44 火车站候车大厅水平交通流线示意图

使门厅秩序井井有条。图4-46所示为某宾馆交通示意图,在首层进行平面组织以后,人流进入楼梯向各层分散,层数越低人流越多,层数越高人流越少。

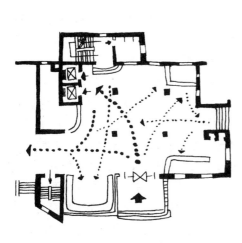

图 4-45 宾馆门厅平面图

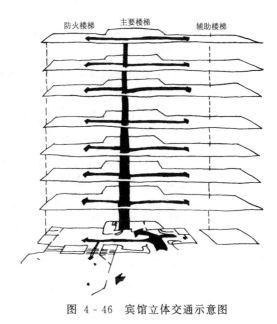

图 4-46 宾馆立体交通示意图

四、环境因素的处理

和室内空间设计相关的环境分为建筑环境和自然环境。建筑环境与空间设计的关系直接而密切。建筑设计限定了室内的空间形式，对建筑装饰设计限制很大。做设计时，对建筑环境要作深入调查研究，以便发现问题，找出原有建筑空间与所要求的室内空间效果的矛盾，以及可利用、保留甚至可发展的空间元素，以达到因地制宜、节约资金、因势利导、事半功倍的建筑装饰设计效果。对原有建筑环境的处理内容为：原有结构与功能需求之间的矛盾，尺度问题，材料与色彩的问题。这些问题既包含有技术因素，又包含有潜在的艺术因素，它们既是建筑装饰设计的限制，又是建筑装饰设计的条件。建筑结构通常是做室内装饰设计的不可动因素。有时室内空间的功能因结构限制而不能满足，设计师才在安全许可条件下更动原有建筑结构。做这种技术处理务须谨慎，有时宁可牺牲部分室内空间的功能要求。从本质上讲，建筑结构是符合力学规律并且经过精密计算的产物。它的存在有其合理性，有时甚至是技术美的表现。做设计根据实际要求有时要隐匿原有结构，有时甚至要反过来强调原有结构。事实说明，任何空间都具有一定的可塑性。在有些情况下，限制较多，可塑性较小，设计的难度就大些，但是设计师还是可以通过种种处理手法，营造空间气氛，表达设计构思。建筑环境确实限制了设计师，而设计师又因为这种设计产生创作灵感，知难而进，在克服困难中体会设计的乐趣并展现才华，设计出优秀的作品。

自然环境是指建筑物周围的物质环境。从使用上讲，全空调的室内环境既不利于健康又消耗能源。所以在可能的情况下，引入自然的采光和通风是大有裨益的，通过开启门窗洞口等设计手段是完全可以实现这一目的的。设计师通常不满足于被封闭在孤立的空间中，总试图将人的视野引入周围广阔的环境中去。如果自然环境景观优美，可采用借景、对景等设计手法沟通室内外环境。而自然环境景观不佳、小气候不理想、污染严重时，设计师就不得不设法封闭门窗。现在越来越多的都市人为避免灰尘、噪声的污染，将阳台封上了窗户。实际情况因时因地而异，设计师进行设计时要进行实地研究，这样才能作出好的设计作品。

第4节　室内空间的序列设计

空间的序列是指空间环境的先后活动的顺序关系，是设计师按建筑功能给予合理组织的空间组合。建筑内部空间是一个加上时间因素的四维空间，建筑的内部空间组合丰富而复杂，人不可能一目了然。只有在行进过程中，才会逐一看到，感受每一个空间，从而形成整体的空间印象。进行空间的序列设计，主要目的就是为符合功能和人的活动规律，将空间组合与人的活动流线有机地统一起来，使人不只是在静止状态下获得良好的观赏效果，而且在运动的情况下获得美好的感受。图4-47所示为中国美术馆主轴线序列设计，自室外空间（A）到达门廊（B），即到了整个序列的序幕。门廊一方面对室内外空间起到过渡作用，同时对下面的空间进行引导，然后（C、D、E）为展开阶段，前厅（C）经过这样一个小的高潮，再向前则是展厅（E），空间再度收缩，最后至圆厅（F），这是整个序列的高潮和尾声。经过很长（A~E）阶段的铺叙，人到达高大空间（F）时，人的情绪到达最高点，而围绕圆厅的环形展廊则相当于序列的尾声。图4-48所示为某宾馆序列设计，空间的起、承、转、合很有特色。

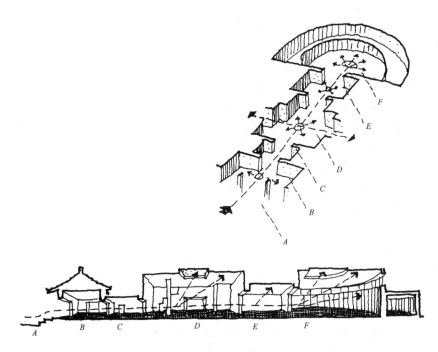

图 4 - 47 中国美术馆局部平面图

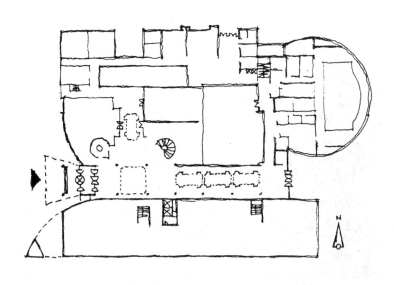

图 4 - 48 宾馆平面图

一、空间序列的组成

建筑的使用功能各不相同，其空间序列设计的构思、布局以至处理手法也是千变万化的。除了要熟悉和掌握空间设计的一般规律外，还要随环境的具体条件而采取灵活的处理方式。空间序列一般由序幕、展开、高潮、结尾几部分组成。

（一）序幕

序幕是序列设计的开端，它预示着将要展开的内容。良好的开端在任何艺术中都予以相当的重视。其主要核心是使空间具有足够的吸引力，同时起到引导和过渡空间的作用。

（二）展开

展开是序列设计的过渡部分，它是培养人的感情，并将其引向高潮的重要环节，具有引导、启示、酝酿以及引人入胜的功能。这阶段的空间序列在整个空间序列中起到相当关键的作用，它要循序渐进，起伏跌宕，处理精细，起到烘托主要空间的作用。展开部分的空间布置格局取决于建筑性质、规模、环境等多种因素。现代许多功能复杂、体量巨大的公共建筑空间层次变化丰富，常选用循环、往复、立体交叉型的人流路线。整个序列空间中，相互独立的各空间之间的衔接、过渡、转折要精心设计，使空间产生连续的节奏感，为高潮的到来起辅陈作用。

（三）高潮

高潮是序列设计的主体，使人情绪高涨，在环境中产生种种最佳的感受。高潮是整个空间的重点，常是空间艺术的最高体现。高潮出现的位置和次数各不一样，因具体情况不同而不同。通常情况下，高潮在整个空间序列的中部偏后，也有的布置在整个空间序列的后部，但有时也有特殊。例如商业建筑、交通建筑为了迅速调动人的购物欲望，或是为了最便捷、简短的流线，高潮常置于离大门不远的中厅位置。有的大型综合性建筑具有多个中心高潮，在多高潮中也有主要高潮和次要高潮之分；整个空间序列好比一首恢宏的交响诗，高低起伏，而主要高潮则是这首交响诗的最强音。

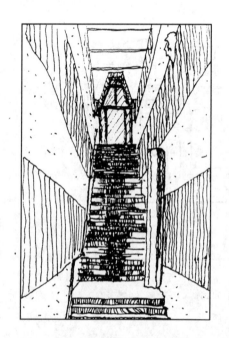

图 4-49 萨克洛美术馆楼梯局部透视图

（四）结尾

结尾是序列设计的结束部分，由高潮回复到平静，是序列设计中必不可少的一环。结尾要使人去回味，去追思高潮的余音，以加深整个空间序列的印象。

二、序列设计手法

建筑艺术从某种意义上讲是一种组织空间的艺术。建筑空间序列是通过建筑空间的连续性、整体性给人以强烈的印象、深刻的记忆，同时给人以美的享受。良好的空间序列需要通过每一具体空间的艺术处理来实现。在设计空间序列时应注意以下几种基本的处理手法：

（一）导向性

所谓导向性，就是以建筑处理手法引导人们行动的方向性。导向性不是采用文字语言，而是采用建筑特有的语言传递信息。在建筑中，通常采用连续的构件排列，如列柱、大楼梯、有规律的墙面、灯具的组织或绿化布置等手法。图4-49所示为斯特林设计的萨克洛美术馆大楼梯，这个从底层一直通到四层的大楼梯，它将人的情绪一直引出上升到高潮。有时也利用带有方向性的线条、色彩，结合地面和顶面的装饰处理来引导和暗示人们随着一定的方向流动。因此在建筑装饰设计中，设计师常运用形式美学中各种韵律构图和具有方向性的形象类构图，作为空间导向的手法。

（二）章法性

要使整体空间具有一定的吸引力和凝聚力，必须使空间要素主、次分明，有重点也有一般，既不能均等对待，也不能各自为政，这就是章法性。重点部分应放置于序幕或高潮部分，有时展开部分的转折处或方向易于迷惑处也可以予以适当的强调。要突出重点，要利用视觉聚焦的规律，在重点部位设置吸引人视线的物体或色块，如利用建筑构件本身的造型、形态生动的螺旋楼梯、造型独特的雕塑、奇异多姿的盆景、金碧辉煌的壁画等等吸引人的注意力，使重点部分更为突出，有时还可通过光照条件，强化明暗，收到预期效果。总之，序列设计要有起有伏，重点和一般互相衬托，互相协调成为有机的整体。

（三）对比与谐调

空间序列是通过若干相互联系的空间、构成彼此有机联系、前后连续的空间环境，其构成形式随功能要求而形形色色。如能巧妙利用这种差异，通过空间的大小、形状、方向、色彩等等对比将会使空间效果丰富多彩。组合空间的对比与变化，主要体现在四个方面：一是体量的对比，通过大、小空间体量悬殊的对比达到豁然开朗、出其意外、别有洞天的空间效果，而将空间进行顺利过渡并引向高潮。二是形状的对比与变化，通过多种形式空间的组合，突出主题。三是方向的对比，通过空间横向、竖向、左右关系、前后关系和构图法则进行组合。四是开敞关系的对比，利用空间的开敞与封闭变化来实现。图 4 - 50 为不

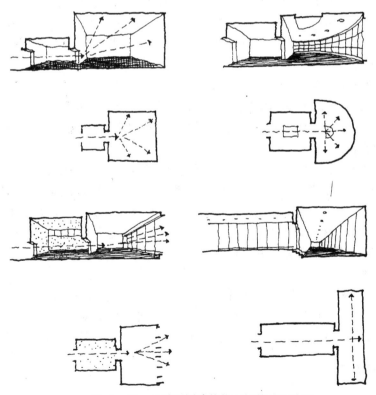

图 4 - 50　几种不同建筑物空间的对比处理

同建筑空间可以在大小、方向、形状、敞闭等方面进行对比。

建筑是一个有机的整体，各空间之间除了有变化的一面，也要有统一的一面进行谐调。以上的对比关系必须在统一的基础上进行，否则将支离破碎，秩序混乱，这一点一定要给予足够的重视。

第5节 室内空间的分隔

一、空间分隔方式概述

建筑装饰设计首先要进行的是空间组合，这是建筑装饰设计的基础。而各空间关系除了有一定的联系，也有各自的独立性，这主要是通过分隔的方式来体现的。采取什么样的分隔方式，既要根据空间特点及功能要求，又要考虑艺术特点及心理要求。从人的感受和物体自身视觉特性变化来看，在无遮挡的室内，出现凹进或凸出，或远离墙的物体或顶棚悬挂物及楼地面、墙面等材料变化、照明方式等，都在人的视域中构成一个序列空间和吸引人们向前的标志。因此，一个房间的分隔是形形色色的，可以按功能要求做种种处理。我们日常生活中常见的处理方式随着应用的物质材料而多样化，立体的、平面的、相互穿插的、上下交叉的，加上采光、照明的光影、明暗、虚实、陈设的繁简以及空间曲折、大小、高低和艺术造型等种种手法，都能产生形态繁多的分隔形式，归纳为下列四种方式。

（一）绝对分隔

由承重墙、到顶的轻质隔墙分隔出界限明确、限定度高、空间封闭的分隔形式称为绝对分隔。其优点是隔声良好、视线完全阻断、温度稳定、私密性好、抗干扰性强、安静，其缺点是空间较为封闭、与周围环境流动性差。

（二）局部分隔

用片断的面（屏风、翼墙、较高的家具、不到顶的隔墙等）来对空间进行划分的分隔形式称为局部分隔。限定度的大小强度因界面的高低、大小、形态、材质而不同。局部分隔的特点是对空间有分隔效果但不十分明确，被分隔空间之间界限不大分明，有流动的效果。

（三）象征性分隔

用片断、低矮的面、家具、绿化、水体、悬垂物、色彩、材质、光线、高差、音响、气味等因素，还有柱杆、花格、构架、玻璃等通透隔断来分隔空间的分隔形式称为象征性分隔。这种分隔方式的限定度很低，空间界面模糊，侧重于心理效应，调动人的联想和"视觉完形"心理而感知，追求似有似无的效果，具有象征性。这种分隔方式是隔而不断，似隔似断，层次丰富，流动性强，强调意境及氛围的营造。

（四）弹性分隔

利用拼装式、折叠式、升降式、直滑式等活动隔断和家具、陈设帘幕等分隔空间，可以根据使用要求随时移动或启闭，空间也就随之或大或小，或分或合。这种分隔方式称为弹性分隔，这样分隔的空间称为弹性空间或灵活空间。其优点是灵活性好，操作简便。

二、具体分隔方式

空间的分隔与联系是室内空间设计的重要内容。分隔方式决定了空间之间联系的程度，分隔的方式则在满足不同的分隔要求的基础上，创造出美感、情趣和意境。室内空间分隔具体手法很多，下面列举几种。

（一）垂直分隔空间

这种分隔形式将室内空间沿着与地面相切的90°方向进行分隔，手段多种多样。

1．列柱、翼墙分隔空间

这与建筑设计中承重结构的柱子、翼墙不同，它是为了满足特定空间的要求而虚设的。它可以将空间划分成既有区别又相互联系的不同空间区域，创造特定的空间气氛。常用于酒吧、舞厅等等。图4-51大厅采用四根高大的柱将空间分成中间的大厅空间和四周的交通空间，这两个空间界限较为模糊，既有区别又有联系。

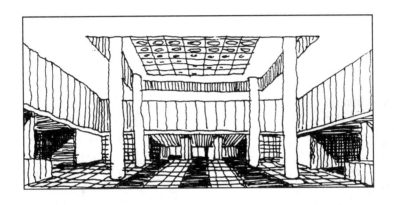

图 4-51 大厅空间局部透视图

2．装修分隔空间

通常指落地罩、屏风、博古架隔断，活动折叠隔断等等有时配合陈设来分隔空间的形式。它的划分形式很多，要求因地制宜灵活处理。常用于餐厅、门厅等空间。

3．建筑结构分隔空间

建筑结构中的柱、构架、拱等符合建筑力学规律，具有力学美、技术美，利用建筑结构分隔空间顺乎其然，宛自天开。图4-52所示为香港汇丰银行室内，高大有力的结构构件限定出一个小巧而亲切的会客空间。

4．软隔断分隔空间

通常用帷幔、垂珠帘及特制的折叠连接帘等等来分隔空间。经常用于读书室、工作室、起居室的室内空间划分。它利用软隔断柔软、温暖的特点来达到亲切、温馨的效果。

图 4-52 香港汇丰银行
室内局部透视图

5．建筑小品分隔空间

通过喷泉、水池、花架、绿化等建筑小品，对室内空间进行划分。它不但有保持大空间的特点，而且漾动的水和绿色花卉架增加了室内的活跃气氛；不但有室内的人工环境的特点，还体现着大自然的生机。常用于起居室、门厅等大空间。

6. 灯具分隔空间

利用灯具的布置对室内空间进行分区，是室内环境设计的常用手法。一个室内的公共活动空间或休息空间，常常配以灯具和陈设，提供合适的照度同时也分隔限定了空间。图4-53所示为落地的灯具将床和沙发分隔为两个区域。

7. 家具分隔空间

家具是室内空间分隔的主角之一。常用几种固定家具如壁面家具、悬挂式家具、隔断式家具进行布置。如果处理得好，可以使小空间变大，大空间分为多空间，大大提高空间的使用效率。如果处理欠妥，则分隔显得凌乱。所以要注意被划分的各空间之间要有明确的区域和主从关系。常用于办公室、起居室等室内空间。图4-54所示为某公司门厅，长长的总服务台和环形展台将门厅分为接待和展示两个空间。由于此种分隔方式在当今设计中运用频繁，下面作详细介绍。

图 4-53 落地的灯具分隔局部透视图

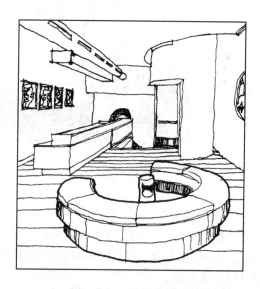

图 4-54 门厅局部透视图

（1）入墙式壁面家具分隔空间

入墙式壁面家具是现代家具中又一种节约空间、功能较全的形式。它不同于普通的壁龛、壁橱和组合家具，是把多种功能的贮存空间，用特定方法自上而下，自左而右地形成一个完整的新壁面，而达到限定和分隔空间的目的。

入墙式壁面家具，垂直的内隔板用单墙构成（相当于木制双包镶空心板），也有用细木工板制作的，横向分割可按贮存功能的需要制作成搁板或抽屉等，再着手门板的安装。

设计前需要精确地丈量房子内部长、宽、高等相关尺寸，预制好旁板、搁板、抽屉、门板等。再应用膨胀螺钉把旁板和墙体结合起来，用塑料或直角式连接件固定顶、底、搁板于旁板上。壁面家具的门可设计为上下两截，上部门的开启可采用移门或对开门；下部门为了节约对开门所占用的扇形空间，采用移门形式较好。

办公空间和住宅中起居室或卧室较适宜采用壁面家具。在设计起居室壁面家具时，可以把沙发、茶几、桌台等用折叠结构藏在移门内，其余部分作多种贮存。卧室用壁面家具，除了各种空间的功能利用外，采用折叠结构还能把家具中体积较大的床包含在内。根据卧室门窗的朝向，床体可设计在壁面家具的中间或左右，但设计在边上时，离墙体要空一条能容纳单人的过道，一般不小于450mm，这对安装床体的折叠构件也带来了便利。

因为壁面家具充分利用了房间的层高，因此在上部取放物品时需用登高用具（小人字梯）或专用椅子。它作为壁面家具的附件是必不可少的，也可以把它设计在壁面家具之内。

（2）悬挂式家具分隔空间

以墙体为依托，把橱柜或搁架等用连接件紧固在一定的高度上，这就是悬挂式家具。悬挂式家具在墙体上既能单独放置，又能根据不同功能向左右进行组合或向上进行叠放。

悬挂式家具能充分利用室内上部空间，扩大房间下部空间的活动范围，并起到限定空间的作用。其优点是无论在卧室、起居室、客厅，还是在厨房或卫生间里都能应用自如。

由于悬挂式家具贮存、放置物件后，必须要承受一定的荷载。因此，减轻家具自重很有必要。减轻其自重的方法通常采用双包镶空心板制成板块构件，达到质地轻、强度高的效果，且加工也简便。

悬挂式家具的封闭方式一般采用对开门或移门，不宜采用抽屉。悬挂式家具底面离地高度通常在1800mm以上，进深尺寸在200～300mm左右，以免人员行动不便或发生碰撞。若其底距地高度在1850mm以上，其进深可适当加大。

悬挂式家具的色泽与墙面应有所区别。如用于厨房或卫生间，表面应贴塑料装饰板、防火板或PVC薄膜，以抗水气、油烟的侵蚀污染。

悬挂式家具可以做成固定结构，也可用拆装连接件装配。与墙体连接的方法是在柜体背板开出两个钥匙状孔，挂接在墙上膨胀螺母上的机制螺帽上。如果柜体较大可多开两个钥匙状孔，以增强柜体和墙壁的结合。

（3）隔断式家具分隔空间

1）隔断式家具的特点。为了适应使用者的各种不同要求和能灵活分隔的空间，隔断式家具应运而生。这种家具的特点为：

（a）一物两用，既是分隔墙，又可作家具使用，这不仅提高了使用面积，满足了功能要求，且有装饰美化作用。

（b）具有挂衣、藏书、写字桌、床、就餐等多种功能。

（c）与墙、顶、门紧密结合，具有一定的力学强度和隔声性能。

（d）以板块为部件，在使用地点进行安装，运输十分方便。

（e）隔断式家具规格、功能、款式可根据住宅的面积、净高、隔断部位、人口结构等自由选择。

（f）具有"三化"标准，有利于部件的互换通用，便于维修。

（g）板块式有利于工业化大生产，有益于提高产量、质量，便于管理。

2）隔断式家具的结构。隔断式家具的结构以板块拆装为主，以连续的墙面形式，并考虑到隔声和节省材料，设计了以包脚板为整体部件的安装基准，相对保证水平面和铅垂面的准确性。底板上的定位孔确定了各旁板的位置，连接件采用双边和单边偏心件对接，旁板顶端与顶棚之间用双向螺钉调节并固定；旁板与墙面采用活动配合，并用橡皮条密封，整体安装准确、方便，并保证了力学强度。

3）隔断式家具在分隔空间中的应用。隔断式家具主要应用于现代办公空间和住宅进深的分隔,其宽度就是办公室和住宅的开间减去砖墙厚度。现代办公空间中不能没有文件、资料贮存功能以及工作人员更衣挂衣的空间,隔断式家具不仅在充分利用空间和减轻荷载的前提下,将大办公空间分隔成若干小办公室,还满足办公空间上述的功能要求。现代住宅中不能没有餐室,在起居室内利用隔断式家具分隔出一个餐室,一边是餐室、一边是起居室,将日常的餐具和装饰品放在餐室的柜内,取用非常方便。单身汉虽不需要有很大的住房,但也应对生活的活动空间加以区分。首先应考虑的就是起居空间和睡眠空间要有明显的区别。白天收拾寝具就成起居间,晚上放开寝具就是卧室。在设计时,以隔断式家具或壁式家具取代墙壁,可节省费用,扩大空间,增加使用功能。

图 4-55 大型办公室空间分隔成若干小空间的透视图

8. 其他形式的分隔空间

按空间构成原理,各种类型的物体都可在分隔空间时加以利用。我们在进行室内空间设计时,可以根据需要大胆创造,为室内空间划分增加更多更好的新的分隔形式。图4-55所示为某大型办公室室内,它采用不到顶的轻质隔板将大空间划分为一个个较为私密的小型办公空间。

(二)水平分隔空间

这种分隔形式的分隔体与地面呈180°的平行关系,目的在于充分利用室内空间,使室内空间组织更加丰富,与垂直划分产生对比效果,增加生动感。主要形式有:

1. 挑台分隔空间

在较高的空间中,利用挑台将部分室内空间分隔成上下两个空间层次,增加空间的造型效果,扩大了实际空间领域。常用于层高较高的大型公共室内空间,特别是公共建筑底层的门厅设计。

2. 夹层分隔空间

和挑台类似,常见于商业建筑的部分营业厅和图书馆建筑中带有辅助书库的阅览室。这

图 4-56 图书馆室内空间局部透视图

种分隔形式空间利用率高。图4-56所示为某图书馆室内,高大空间为阅览室,夹层上下为书库,既充分利用连空间又丰富了室内空间效果。

　　3.看台分隔空间

　　看台分隔空间通常在观演建筑的大空间中应用较多,它从观众厅的侧墙和后墙面延伸出来,把高大的大空间分隔成有楼座看台的复合空间。除了丰富了室内空间效果,还增加了一定的趣味感,使空间生动活泼。图4-57所示为某观演厅,二层看台出挑,将观演厅分隔成一个高大空间和两个较小的空间。

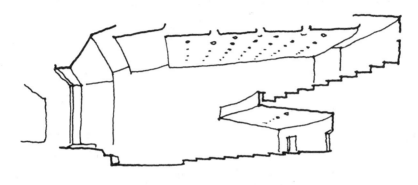

图 4-57 观演厅二层看台出挑剖面图

　　4.悬顶分隔空间

　　悬顶即悬吊的顶棚,它是现代室内环境的主要内容之一。悬吊的部分面积大小、凹凸曲折、上下高低等形态按功能需要作多种处理。这种形式的目的,不在于利用空间而在于对某些空间(如讲演、会议、接待等)进行限定强调,打破空间的单调感,使之更加丰富,充实。无论是公共建筑或是住宅,为了营造环境气氛丰富环境效果常采用这种方法。图4-58所示是一个别致的小观演厅空间,它通过顶棚的高差变化,将空间分隔成中部高大的演出空间和两边低矮亲切的座席空间。

图 4-58 小观演厅空间
局部透视图

　　5.升降标高分隔空间

　　将室内的地面标高用台阶的方式给以局部提高或局部下降,也有的要特殊地做成阶梯状。提高和降低局部地面都可以界定出一定的空间界限,并产生不同心理的联想空间形态。局部提高,为众目所向,其性格是外向的,具有收纳性和展示性。人处于其上,有一种居高临下的优越的方位感,视野开阔,趣味盎然。适用于讲台、表演台等等。局部下降,有较强的围护感,性格是内向的。处于其中,视点降低,环顾四周,新鲜有趣。通常用于休息、舞池等空间。图4-59所示为采用升高高程的办法形成的一个凸空间,使来到宾馆的客人产生居高临下的优越性。图4-60所示为某酒吧间室内,它采用局部下沉形成安静的休息空间,这样使人少受干扰,有较强的围护感和安全感。

图 4-59 宾馆地台空间局部透视图　　　　图 4-60 酒吧间下沉空间透视图

第6节　装饰工程典型实例分析

前面四章对建筑装饰设计最基本的规律和方法分别进行了论述。建筑装饰设计是一个统一的整体，诸多原理、规律、方法在设计中的运用是一种相辅相成的关系。本节通过分析一个典型工程实例，一个大作业的练习与这一装饰工程实例的对照，找出问题、差距，达到将前四章的内容融汇贯通、举一反三的目的，同时为后四章的学习打下扎实的基础。

该工程是邻近于某风景区的一个宾馆及度假村。我们着重讨论该宾馆的门厅及大堂设计。如图4-61～图4-64所示。

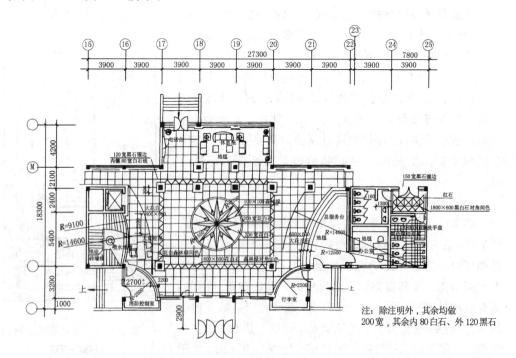

图 4-61　大堂平面图1∶100

进行建筑装饰设计之前必须充分理解建筑师的意图，所以我们的工作应从识读建筑图开始。只有这样，建筑装饰设计才会和建筑浑然一体。

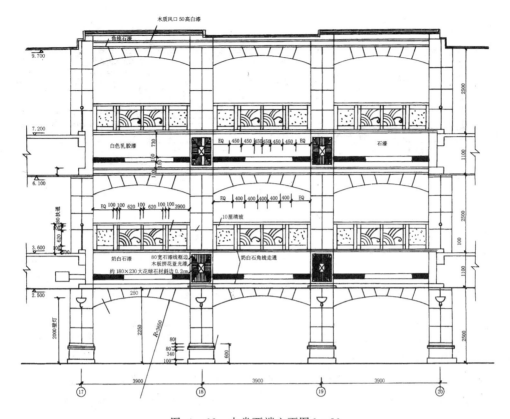

图 4-62 大堂西端立面图1:30

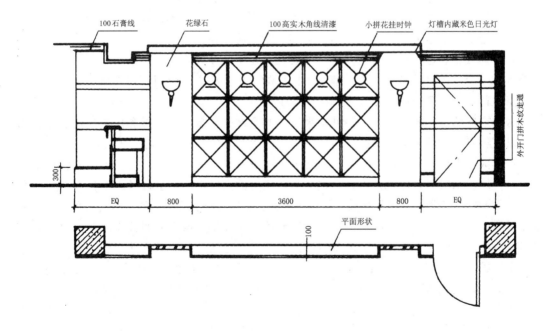

图 4-63 大堂总服务台背景立面图1:30

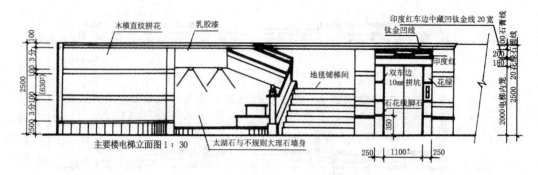

木横直纹拼花　乳胶漆　印度红车边中藏凹钛金线20宽
钛金凹线

2500　2500　3分100（630宽）3分100　100石膏线

地毯铺梯间

印度红
双车边
10mm拼坑　花绿
石花线脚石

100石膏内线
200 花线卡装口线
180
2500　2000电梯内宽

350

250　1100±　250

主要楼电梯立面图 1：30　　太湖石与不规则大理石墙身

图 4-64　主要楼、电梯立面图

　　该门厅入口前有一个大型停车广场，旅客下车后便步入一个气派的大雨篷。进入大门后就是一个两层通高的压低部分，往右是服务台；往左是主要的楼、电梯；往前则步入三层通高的共享厅，人的情绪在此达到高潮。走过中庭，则进入一层高的较亲柔的旅客休息空间。通过位于该空间左侧的后门，人可以进入室外庭院。这就是建筑师对空间和序列的安排，对功能和流线的设计。

　　建筑装饰设计是建筑设计的深入设计，是在建筑设计基础之上的二次创作。在深入理解了建筑师的构思之后，便要确定室内气氛的主调。

　　作为一个宾馆，门厅必然要求高贵和气派，还要创造一个温馨的环境给旅客以宾至如归的感觉，这便是该设计的主要任务。室内色彩对表现室内气氛有着举足轻重的作用。为了表现温馨的室内气氛，设计者决定采用暖色调，温暖亲切又显豪华。

　　接着是确定风格。由于该建筑座落于全国著名风景区附近，宾馆接待的外宾占相当的比重，所以决定采用新古典主义风格，给外宾的心理感受有如置身自己家园的亲切感。同时，局部穿插一些东方情调的小东西，从而生动活泼，情趣盎然。

　　在空间气氛和室内风格确定之后，便要根据建筑师序列设计的要求，确定设计的重点和要点。一个好的室内设计有如一篇章法得体的文章，要主从分明，耐人寻味。倘若处处都重点对待，只会事与愿违让人感到眼花缭乱。

　　这个空间的重点无疑应是三层共享大厅，其余部分如总台，电梯和休息座均围绕它布置，以下将对这几部分逐一进行分析。

　　共享大厅平面长11.6m、宽7.8m、高9.8m，是一个狭长而高耸的空间。横向感和高度感较强，进深感较弱。建筑师设计出这个不很完美的大厅空间，也许是出于各方面条件的限制，而室内装饰设计师除要尊重建筑师的构思外，还要扬长避短，创造出宜人的空间。在设计时的处理方法是将西面的墙体全部采用通透的大玻璃，这样人的视线可以延伸至室外庭园，从而使空间大大开阔，进深感增强。另外，将进入大厅的部分处理成两层通高，与共享厅连成一气，也削弱了其横向感。共享大厅顶棚采用立体式，石膏顶棚选用浅灰色，色彩清新明快让人感到轻松而舒适，中部圆形部下凸，周围饰以花边与之呼应，起到烘托作用。圆心处下吊一个水晶大吊灯，气魄恢宏。周围的筒灯犹如是月边的星，星星点点，更显出大吊灯的明亮、纯净与剔透。大吊灯悬于顶棚上，成为众目瞩视的焦点，也减弱了大厅的高耸感。

　　共享大厅的地面色彩以深色为主，给人以下沉稳定和端庄的感觉，中心采用圆形、星形放射图案与顶棚圆形对应。共享厅地面与周围交接的地方通过大花绿和大花白两色大理石界定出各自的界限。顶棚和地面的图案均采用双向轴对称形式，轴线的交点即是图案的圆心和大厅的中心。这个中心点是一个良好的停留点。人们站在这个圆心点上，环顾四周，可充分感受到大厅的气魄和豪华。

设计者采用石膏线脚进行顶棚和柱的过渡。石膏线脚丰富多变，富有美感，有弹性，连续性好，在遇到柱、梁、门洞、窗洞时可以曲折迂回地延续，丝毫不影响美观，并且通过该装饰符号的运用加强了室内空间的整体性。前文已述，该大厅高度感强，所以在层与层交接的地方采用石膏线脚，打断柱的纵向连续感，从而达到减弱高度感的目的，围绕中庭共有六根柱，进门迎面四根柱，两旁各一根柱。考虑到风格问题，柱与柱之间采用拱的形式。这种拱是将西方古建筑中的拱进行抽象和简化，既具有古典韵味，又有现代气质。迎面四根柱之间三层共有九个拱，这样的重复韵律很有气势。柱面采用榉木板材料饰面，色彩温暖，自然，亲切，削弱了大体量的柱对人的逼近感和进攻感。一个好的建筑装饰设计不能缺少细部设计，没有细部设计的东西不耐看。该大厅很注重细部设计，柱面的榉木板拼成了暗纹，柱础采用了大花绿大理石柱础，一层柱上安置上壁灯，柱间拱上刻上了线条，栏杆扶手采用橡木实木扶手、扁铁栏杆造型、石材造型楼梯等细部处理及多种材料的配合运用，尤其石膏线脚上的大厅送风口细部设计既解决了功能问题又打破了大片石膏板的单调……。

总服务台在宾馆里作用很重要，它的功能多而复杂，包括接、送旅客，寄存、询读等。所以总服务台在宾馆设计中均得到相当的重视，这种重视体现在两方面：一是总台在大厅中位置显赫，二是总台本身的设计要精致。该总台位于大厅的北端，长7.8m，最宽处3.9m。从入口到总台的地面有一道弧形图案，而正是这道弧线将人流顺利导向总台。总台本身也设计成弧形，一是为了和地面弧形相呼应成对应关系，二是起到一定的导向作用，将人流导向休息厅和次要楼梯间。总台的色彩和整个大厅的色彩相互协调一致，木本色装修底边勒一道大花绿踢脚线。值得一提的是总台的背景和总台本身的设计，总台的背景是一道长7.8m 的墙面，如果处理不好，容易显得单调，设计者在长墙面中插入两块大花绿大理石，将该面划分成五段，三段木装修墙面采用不同的划分；大理石墙面上饰以壁灯，起到对称效果，纠正总台由于弧形一头大小而产生的轻重不均衡的视差。总台本身使用较频繁，设计时除考虑美观之外，还应考虑人的尺度和使用的舒适。总台外边采用半圆形钛金板包边就是考虑旅客有时会碰到服务台边时胳膊的舒适感。总台空间的划分界定是通过局部降低层高而达到的。总服务台上的标示牌除具功能作用外，还是精美的小品，点缀着总服务台。

宾馆内的电梯是交通的枢纽和中心，大量的人流在此集散。电梯在总台的对面，与入口成对称关系。和总台一样，从入口至电梯的导向性也是通过地面弧形暗示而实现的。主要楼梯的楼梯面与地面弧形成平行关系，视觉上较协调。楼梯段上覆以暗红花地毯，具有很强的导向性，富丽堂皇。楼梯栏杆与大堂栏杆既相似又有变化。栏杆的收尾很有力量，傲然笔立！楼梯下面的空间设置枯山水，颇具东方情调，同时也使楼梯下面的空间"死"而复"活"。墙面随着楼梯面的升高，将护墙板、踢脚板也做成台阶状，很有动感。墙板上安置了多面车边镜，光怪陆离，与逐个升高、富有动感的楼梯空间很是相称。

休息座是让旅客休息的场所，所以要充分考虑休息场所的舒适和少受干扰。该宾馆休息座位于大堂的西面，和大堂之间有一条走廊，不受南北向交通的干扰。休息座的地面是浅灰色地毯，采用休闲的橡木沙发，沙发上有厚厚的靠、坐垫，让旅客的身心彻底放松。成组的沙发恰好围合成了良好的交谈空间。面对室外庭园的一面,视线通透。而大玻璃窗上的帷幔恰似精心裁剪的景框,勾勒出一幅幅风景画。

通过以上工程实例分析,不难看出一个好的建筑装饰设计,必须从使用空间的人为基点出发弄清人与空间的关系,充分考虑人的心理与行为特征,坚持设计原则,遵循设计原理、规律、美学法则,结合建筑的功能、性质,运用设计方法,从外到内、由表及里,克服忽视环境特点,盲目抄搬、模仿,东拼西凑、风格不一,堆砌高档材料、杂乱无章等不良设计倾向。因人、因时、因地、因材制宜确定构思,反复推敲,注意局部与整体、内容与形式、室内与环境的充分统一协调,巧于设计,才有可能创作出意境深邃、形式完美的建筑装饰设计作品。

复 习 思 考 题

1. 试述空间形态的几种分类?
2. 个体空间形态令人产生哪些相对应的心理感受?
3. 建筑装饰设计为什么要遵循美的法则?
4. 举例说明空间序列的几个阶段。
5. 如何对空间重新分隔?试述分隔方式。

第5章 室 内 界 面

第1节 概　　述

室内界面是指围合室内空间的各个实体面。实体面通常是指地面、顶棚、墙面或隔断。一个空间的大小、高矮和形状是由各个界面去控制的，室内界面本身是实体界面，容易进入使用者的眼帘。室内空间是虚的，是通过界面围合成的，使用者通常只能感受空间，并通过对界面的装饰达到美化完善空间的目的。

作为建筑装饰设计工作者，一般很难对已建成的建筑室内空间进行大规模改造设计。层高和顶棚中的隐蔽工程一定程度上制约了设计者的思路，设计者在室内分隔空间方面容易创新，但还要考虑建筑结构问题。建筑装饰设计师通常是在兼顾空间的情况下，直接对室内的各个界面进行设计。可以说，室内界面的装饰设计是整个建筑装饰设计的重点之一。当然，一个优秀的建筑装饰设计还包括家具、陈设、绿化等多个组成部分，而且缺一不可。那么，如何将室内复杂的空间按业主的要求较好地完成呢？不妨先从室内各界面的设计入手，当然在界面设计之初还要考虑以下一些问题。

一、满足使用功能要求

界面设计要以创造良好的室内环境为宗旨，把满足人们在室内进行生产、学习、工作、休息的要求放在首位。在界面设计中注意使用功能，概括地说就是要使内部环境，布局科学化与舒适化。为此，除了要妥善处理空间的尺度、比例与组合外，还要考虑人们的活动规律，合理配备家具设备，选择适宜的色彩，解决好通风、采光、采暖、照明、通讯、视听装置、消防、卫生等问题。

室内界面设计首先要考虑建筑的性质，不同使用功能的室内空间要有不同的室内界面设计，要了解该空间是属于宾馆、饭店、办公楼、剧院、娱乐中心、体育馆、住宅等建筑中的哪个部分，是对外还是对内，是属于公共场合还是私密空间，是需要热闹还是宁静的环境。对于不同的内容有不同的功能，就应有与之相应的建筑装饰设计作法。同样是休息居住功能建筑，居室的建筑装饰设计与宾馆的建筑装饰设计，在空间尺度、环境气氛，所用材料及色彩等诸多方面都不一样，绝不能简单类比。居室是以家为单位的住宅空间，居留时间长，独立性、私密性很强，设计中其独立性要考虑生活习惯、格调及户主的个人爱好；私密性则要考虑家庭成员的要求及隐私。在界面设计选材时要考虑实用，简洁明快，避免花哨。宾馆客人停留时间短，界面设计要注重尺度、材质，还要在造型上注意豪华、富丽、追求现代感以吸引顾客，满足旅客的休息活动要求。由此可见，建筑装饰设计是建立在了解建筑性能，满足室内使用功能的基础上，是建筑装饰设计师首要考虑的问题。

二、界面设计的艺术性

随着我国经济的迅速发展，越来越多的人对建筑室内更加的重视，对建筑装饰设计的要求也越来越高。这就要求建筑装饰设计者在建筑装饰设计的艺术性方面多下功夫。

室内的艺术性设计应该使人们在室内环境中得到一种美的享受，从而使使用者身心愉悦，心理健康，在精神上得到最大的满足。所以，室内的艺术性设计可以等同于满足使用者精神功能方面的要求。建筑装饰设计对精神生活的影响主要表现在三个方面：一是美感；二是气氛；三是意境。

（一）美感

美感是要满足现代人的审美情调。前辈设计师在实践中总结了符合一般人审美观点的构图法则，实践证明凡是尺度宜人，比例恰当，陈设有序，色彩和谐的建筑装饰设计，即使没有强烈的感染力，也能使人感到很舒服。在建筑装饰设计中为了达到给人美感的目的，首先要注意空间感，设法改进和弥补建筑空间存在的缺陷，注意陈设品的选择和布置。其次，要注意界面设计要与家具，空间等密切配合，做到有主有次，层次分明。最后，要注意色彩的运用，同时对于室内色彩关系影响较大的家具、织物、墙壁、顶棚和地面的色彩，要注意协调一致，符合色彩学的一般原则。

（二）气氛

气氛是内部环境给人的总的感受，这种感受通过界面设计综合表达出来的。通常设计者按照自己的理解，通过运用各种符号、材料将室内环境设计成预想的效果。这种预想的效果就是室内环境可能出现的气氛。我们经常说到的轻松活泼，庄严肃穆，安静亲切，朴实无华，富丽堂皇，古朴典雅等就是用来表示气氛的。

在家装设计中，有的设计追求轻松活泼，为家营造一个轻松的气氛；有的设计追求朴实无华，简约至上，使家增添了一份意境、一份哲理。在公共空间设计中，政府办公空间应该是一个庄重、严肃的环境气氛。在商场、宾馆设计中则要追求一种商业气氛，宾馆更是要注重典雅。不论空间使用多么复杂，空间的环境气氛一定要与空间的用途、性质相一致。

（三）意境

所谓意境就是内部环境要集中体现的某种意图、思想和主题。意境不仅能够被人所感受，还能引起人的联想、发人深思，给人以启示或教益。可以说意境是室内精神功能的高度概括。以北京故宫太和殿为例，中间的高台上陈设着雕龙刻凤的宝座，宝座的后面竖立着镏金镶银的大屏风，整个宫殿金碧辉煌，华贵无比。其意图是要以此显示皇帝的无上权力与地位。

界面设计的艺术性是通过美感、气氛和意境表达出来的。美感通常是人认识室内环境的第一感觉，如室内环境的体量，形状、比例、色彩、陈设等。感觉美或不美，这种感觉也可说是直觉。但通过对室内环境的观察，对某种设计语言、符号、图腾等又有更多的认识，这时更多的是意境中想像，强烈的艺术感染力给人以联想、回味。可以说，这样的设计才可称之为优秀的建筑装饰设计。所以，现实的建筑装饰设计作品要在表达文脉，地域等的深度、广度方面多下功夫，创作出符合大众审美情调的设计作品。

三、界面设计的个性化

个性化是界面设计普通化中的特殊化，通过个性化的表达可以展现室内空间的与众不同，展示出设计者的个人风格。同美术大师各有画风、各有擅长的个性一样，很多建筑装饰设计者也将自己的理念、想像表达在建筑装饰设计作品中，使每一个作品都有张扬的个性，丰富的内涵。

密斯·凡·德·罗是一位个性十足的建筑大师，他在1956年至1958年设计和建造的西格拉姆大楼，是世界公认的国际主义风格的建筑。他将玻璃与钢结构建筑演绎的那么纯粹，完美。大片的连续的钢和玻璃的墙面散发出摄人心魄的壮美，他把钢和玻璃完美地结合在一起，为后人对材料的运用提供了经典范例。运用玻璃、钢等材料就能联想到密斯，这就是这位建筑大师带给我们的个性。

能给人们留下深刻印象的往往是那些个性鲜明，身怀绝技的设计大师。日本的安藤忠雄就是一位善用混凝土而闻名的建筑大师。安藤忠雄对于建筑的处理简单无奇，基本上都是混凝土方形结构，外部也是混凝土面，朴素简单。但是他重视简单结构的组合，作品能够在朴素中体现出个人风格来，他的成名作品"住吉长屋"，采用几乎全封闭的混凝土盒子，所有的居室都对着内部采光的天井式中庭，简单的混凝土墙面做了精细处理，具有一种水泥材质的美感，所以人们给他冠以"清水混凝土的诗人"一点也不为过。

一个设计作品的个性就如同一个设计师的生命一样。没有个性的作品就如同没有生命一样。没有历史也不会有未来。所以，时代呼唤有个性的设计师，就像密斯的钢和玻璃，安藤忠雄的清水混凝土，罗杰斯的高科技，盖里的解构主义，波森的极少主义精神以及迈耶的白色情结等等。建筑大师将所有的感情倾注于设计作品之中，将一幅幅富有个性的设计作品带给我们的时代，使这个时代更加多彩。

四、界面设计的时代感

若想成为一名优秀的建筑装饰设计师，就必须掌握当前建筑及建筑装饰设计理论发展的最新动向。这样才能创造出富有个性，富有时代感的设计作品。纵观这些年国际上众多的建筑探索试验，有如此多的前卫建筑运动，但是国际建筑基本走向还是在现代主义的基础上发展的。在不同的地区、国家，当地建筑师做过一些根据本地、本国特色进行加工的建筑，但是其基本的形式、结构依然是国际化、现代化的。因此，从世界建筑的总体来说，形式上也出现了趋于相似的标准化倾向。

国际性的趋同化趋势是国际经济发展的必然结果。但这也不妨碍由建筑师领导的对于建筑形式、结构进行探索产生的具有试验性的建筑运动。其中比较有影响的，而且现在正在影响我们的如：强调建筑在形式上和功能上的完美性和合理性的现代主义建筑风格；在现代主义建筑上加上某些装饰细节，利用不同的几何形态、历史符号、丰富的色彩改变现代主义建筑刻板面貌的后现代主义；具有叛逆精神的、反中心、反权威、反二元对抗、反非黑即白理论的解构主义风格；在建筑上吸收本地的、民族的、民俗的风俗，使现代建筑中体现出地方特定风貌的地方主义风格；主张使用再生材料、循环使用的材料，特别是金属材料和玻璃材料，以保护地球环境的绿色派。以上种种均为现代建筑多元性中的代表风格，它代表着今后建筑及建筑装饰的发展趋势。

总之，作为设计者要掌握当今建筑发展的趋势，要跟上现代建筑建筑装饰设计的潮流，但绝不能随波逐流。在设计理念中，要多一些巧手，少一些俗手。富有时代感不是赶时髦，不是一定要用豪华时髦的材料去堆砌房间及各个界面，而是要有综合运用各种材料的能力，充分把握各种材料的特点，运用你所偏好的理念、风格，用艺术的手法去设计富有时代感的室内空间及空间界面。只有这样才能跟得上时代的发展，才能成为超越时代的设计大师。

五、充分利用装饰材料的特点

在设计中充分利用装饰材料的特性，能很好地完善设计理念，配合设计主题完成所要期望的设计风格。所以，一个好的设计就是充分理解材料性能，运用的材料个性的过程，可以说，不熟悉材料就做不出好的设计作品。现在建筑装饰设计运用的材料多种多样，涉及到钢铁、有色金属、油漆、纺织、木材、陶瓷、塑料、玻璃、石材等多个方面，运用时要注意以下几个方面的问题。

（一）材料的环保性

现在有些设计偏面追求气派、豪华、时髦，在建筑装饰设计中过分使用塑料、玻璃、木材、不锈钢、铝板、磨光石材等材料，不仅在公共建筑中大量使用，甚至在某些所谓的豪宅中也大量使用，过多耗用不可再生的装饰材料，对建筑业的可持续发展极为不利。另外，现代室内装饰中大量使用了人工合成的化学材料，其中相当一部分化学材料含有对人体有害的物质，如甲醛、苯、氨、氡等。这些物质在使用中还会长时间散发出来，污染室内环境。基于以上的原因，在设计中选用生态环保型装饰材料势在必行。目前，已研制出的无毒涂料、再生壁纸等，都不同程度地实现了环保要求。因此，对装饰材料的选择，首先要考虑是否符合国家的环保政策，符合可持续发展的要求，具体选择时首选无毒气散发，无刺激性，无放射性，低二氧化碳排放的材料。

（二）材料的品质

在建筑装饰设计中，设计者会根据不同的情况运用不同的材料来营造不同的空间气氛。设计者的种种理念通过材料这个载体转化为一种具体可视的事实，可以说材料是传递设计思想的物质表现形式。以下是几种常用装饰材料内含的品质。

木材是一种轻质、温和、耐久的材料，有很好的手感、气味和可塑性，被人们广泛使用。木材因这种亲和力和归属感而成为最亲近人类生活的材料，被作为地板、墙面板以及家具的主要用材，而木材的纹理、颜色、气味不同的选择往往反映了设计者的独特品味与嗜好。

石材因其庄严、古典、耐久的品质成为过去时代中最重要的建筑材料。在现代建筑中大理石、花岗石等天然石材多用于饰面工程中，仍然向人们传达着石材固有的那份庄严、华丽、宏大的品质。

玻璃是一种硬而透明的材料，常常作为建筑围护系统的一部分被使用。在建筑装饰设计中，玻璃被广泛地应用于门窗、室内隔断、家具及墙面的装饰。玻璃经过艺术加工能成为神秘与高贵的象征。

金属作为一种坚固耐久、可塑性很强的材料，被广泛地应用于门窗、围栏、家具或室内装饰上，而铁艺产品也以其高贵稳定的品质从国外走进越来越多的中国寻常人家，被越来越多的设计者所认识。

混凝土在建筑中被广泛使用，它以其可塑性、耐久性、粗犷性及质朴的品质被许多设计者所认同，并保证了结构的稳定。现代设计师充分认识到了混凝土的艺术表现力，清水混凝土的运用充分说明了这一点。

现在可以运用到建筑装饰设计中的装饰材料可谓成千上万，不同的材料具有不同的品质，设计者运用时必须最大限度地保持材料的自然属性，发挥它们的固有品质，达到最佳的设计效果。

（三）材料的功能与尺度

装饰材料要按使用功能去选择。如普通餐厅地面由于就餐人流较杂、较多，宜选用防滑地砖。它易清洗且价格适中。咖啡厅的顾客往往喜欢一个安静、惬意的环境，所以，采用质地柔软的地毯更为合适。另外，充分利用装饰材料的质感、色感及尺度也非常重要。在建筑装饰设计中，一般的原则是选用很少的几种（和装饰面积有关）材料作饰面主材，选择相应的色彩作为基调，尺度大的空间常选用的装饰面材也相对大一些，例如大面积的地面铺设花岗石800mm×800mm 以上的尺寸比 600mm×600mm 的尺寸感觉更合理、更气派一些。关于材料质感的原则是大面积、大尺度的空间装饰可以选用粗质材料，小面积、小尺度的空间则要少用粗质材料，和人接触时间长的空间最好不要选用粗质材料，而应选用有弹性质感的材料，如软包类材料、木材等。

六、商业化与经济性

在当今建筑装饰设计中有诸多影响设计个性化体现的要素，而商业化与经济性则是关键的一对矛盾。处理得好两者协调一致，个性化特征能够很好地体现；处理不好往往是商业化泛滥。

设计的商业化是世界生产规模日益发展的产物。这种设计往往具有很强的推销意识，炫耀性成为其基本的特征。因而在材料色彩和照明的选用上，多以强烈炫目的感官刺激为手段，在用材方面大多不惜成本。

设计的经济性要求室内装饰以勤俭节约为本，不要走入花钱越多越好的误区。

在我国现阶段经济还不很富足，人均资源并不乐观的条件下，设计者要有责任感、使命感，要有对国家及后代负责任的态度。对一个优秀的设计师来讲，少花钱同样能做出优秀的建筑装饰设计作品。如界面设计中的顶棚设计要充分考虑到使用者不易接触的特点，多考虑形体的变化，在饰面材料上不宜选择高档的装饰材料，以免浪费。

七、各工种协调配合

随着现代各种智能化、多功能化的大厦拔地而起，建筑装饰设计工作者在室内界面设计中与各工种的协调配合问题就显得尤为重要。在室内的各个界面中，经常会有各种管道、管线穿越，有些会凸出界面。所以，在设计之前要搜集好各方面的资料，与各有关设计人员一起，交流设计思想是很重要的。例如，一些隐蔽工程像顶棚的设计中可能会遇到电气照明、通风、空调、烟感、喷淋、广播等标高、尺寸、位置等诸多问题，考虑不周全就会在经济上产生浪费或导致总体效果上不够理想。

建筑装饰设计所涉及的专业系统与协调要点见表5-1。

表 5-1

序号	专业系统	协调要点	协调工种
1	建筑系统	①建筑室内空间的功能要求（涉及空间大小、空间序列、人流交通组织等） ②空间形体的修正与完善 ③空间气氛与意境的创造 ④与建筑艺术、风格的总体协调	建筑
2	结构系统	①室内墙面与顶棚中外露结构部件的利用 ②吊顶标高与结构标高（包括设备层净高）的关系 ③室内悬挂物与结构构件固定的方式 ④墙体开洞、墙及楼、地面饰面层、吊顶荷重对结构承载能力的分析 ⑤原建筑进行室内改造，在结构承载能力方面的分析	结构
3	照明系统	①室内顶棚设计与灯具布置、照明要求的关系 ②室内墙面设计与灯具布置、照明方式的关系 ③室内墙面设计与配电箱的布置 ④室内地面设计与脚灯的布置	电气（强电）
4	空调系统	① 室内顶棚设计与空调送风口的布置 ② 室内墙面设计与空调回风口的布置 ③ 室内陈设与各类独立设置的空调设备的关系 ④ 出入口装修设计与冷风幕设备布置的关系	设备（暖通）
5	供暖设备	①室内墙面设计与水暖设备的布置 ②室内顶棚设计与供热风系统的布置 ③出入口装修设计与热风幕的布置	设备（暖通）
6	给排水系统	①卫生间设计与各类卫生洁具的布置与选型 ②室内喷水池、瀑布设计与循环水系统的布置	设备（给排水）
7	交通系统	①室内墙面设计与电梯门洞的装修处理 ②室内地面与墙面设计与自动步道的装修处理 ③室内墙面设计与自动扶梯的装修处理 ④室内坡道等无障碍设施的装修处理	建筑电气
8	弱电系统	①室内顶棚设计与扬声器的布置 ②室内闭路电视和各种信息播放系统的布置方式（悬吊、靠墙或独立放置）的确定	综合布线或相应各工种
	电信系统	① 室内顶棚设计与管线布置 ② 室内墙面设计终端插座的布置	
	电声及有线广播系统	室内顶棚设计与扬声器的布置	
	闭路电视	室内闭路电视的终端位置及各种信息播放系统的布置方式（悬布，幕墙或独立放置）的确定	

序号	专业系统	协　调　要　点	协调工种
8	宽带网系统	室内接口终端位置与建筑装饰设计的综合协调	综合布线或相应各工种
	防盗与保安系统	① 室内平面布置与控制中心的位置,室内顶棚设计与摄像机位置布置 ② 建筑装饰设计与防盗报警系统的布置	
	消防监控系统与消防设施联动控制	① 室内顶棚设计与烟感、温感报警器的布置 ② 室内顶棚设计喷淋头、水幕的布置 ③ 室内墙面设计与消火栓箱布置的关系 ④ 轻便灭火器的选用与布置 ⑤建筑装饰设计与消防联动的具体设计如:防火门、防火卷帘、正压送风排烟等	
9	标志广告系统	① 室内空间中标志或标志灯箱的造型与布置 ② 室内空间中广告或广告灯箱、广告物件的造型与布置	建筑电器
10	陈设艺术系统	① 家具、地毯的使用功能配置、造型、风格、样式的确定 ② 室内绿地的配置方式和品种确定、日常管理方式 ③ 室内特殊音响效果、气味效果等的设置方式 ④ 室内环境艺术作品(绘画、壁饰、雕塑、摄影艺术作品)的选用和布置 ⑤ 其他室内物件(公共电话房、公共电话罩、污物筒、烟具、茶具、餐具、炊具等)的配置	相对独立,可由建筑装饰设计专业独立构思或挑选艺术品、委托艺术家创作配套作品

八、建筑装饰设计与可持续发展

可持续发展的概念是在20世纪80年代初提出的。1987年世界环境委员会(WCED)发表的报告《我们共同的未来》,向全世界正式提出了可持续发展战略,得到了国际社会的广泛接受和认可。

(一)引发的环境问题

建筑装饰设计中的可持续发展问题是建筑可持续发展研究中极为重要的内容。现在已引起了我国建筑界和建筑装饰设计界的重视。但就目前在建筑装饰设计、施工和使用中,还有很多破坏环境、引发污染的情况出现:

第一,设计中过分追求气派、时髦、豪华,所用材料有许多是不可再生的资源,如珍贵的石材、木材等,对建筑业的可持续发展极为不利。

第二,在室内装修中大量使用了人工合成的化学材料,其中相当一部分化学材料含有对人体有害的物质,如甲醛、苯、氡等。这些物质在使用中会长时间散发出来,不仅有刺激性气味污染室内环境,而且对人们的健康构成威胁。

第三,在新房装修或旧房改造中,不断有废弃的装修垃圾出现,由于很多装修材料不能再生循环利用,被丢弃成为建筑垃圾,成为城市环境的污染源。

第四,在建筑装饰设计中忽视自然光的运用、自然通风的引导、自然景观的借鉴、绿色装饰材料的使用等。取而代之的是人工照明、人工空调、人造植物,隔离了人和自然的联系。

（二）建筑装饰设计中可持续发展的实践

可持续发展战略在建筑装饰设计中主要体现为室内生态环境设计，其基本思想主要是以人为本。在为人类创造舒适优美的生活和工作环境的同时，最大限度地减少污染，保持地球生态环境的平衡。目前，在设计中体现可持续发展思想原则主要有以下四个方面：即减少对环境不良影响的原则；再利用的原则；循环使用的原则和节约的原则。从目前的实践看，在室内生态设计中可选用的基本技术措施有以下几方面。

第一，采用生态环保型装修材料。生态环保型装修材料正在逐步实现清洁生产和产品绿色化，在生产和使用过程中对人体及周围环境都不产生危害，从室内更新出的旧材料又比较容易自然降解及转换，并且可以作为再生资源加以利用，生产新产品。

第二，建筑装饰设计与自然环境结合。建筑装饰设计要有效利用自然通风、自然采光，使室内与自然密切结合。

第三，采用全面的现代绿化技术。由于植物能够吸收二氧化碳，清除甲醛、苯等有害物质，形成健康的室内环境且具有生态美学方面的作用。所以大力发展室内外绿化，可以大大改善室内空间与自然的隔离状况，而且给人带来持久的精神愉悦。

第四，全面实施节约能源技术。在建筑装饰设计中可有选择地使用节能技术、节能材料，如吸热玻璃、保温墙体等，这样可以达到保温和采光的双重效果，从而大大地节约能源。此外，节能型灯具、节水型部件在室内装修中充分运用，都能起到节约能源的效果。

第五，采用洁净能源技术。使用洁净能源，既满足使用能源的可持续性，又不会对环境产生危害，最符合生态型的室内环境要求。目前，最广泛使用的是太阳能利用技术。如果大量使用这项技术，也许会使建筑装饰设计呈现新的特点，这就需要设计者认真研究，重分利用。

第六，建筑装饰设计与现代高科技相结合，以计算机技术、自动控制技术、电子技术、材料技术等为代表的现代高科技在建筑装饰设计中的应用，将对采光、通风、温度、湿度等室内环境产生巨大的影响，随之而来的将是一场建筑装饰设计的重大变化。

当今可持续发展思想，给建筑装饰设计者提出了一个新的设计理念、设计平台，开辟了一个崭新的创造领域。作为一个全新的知识点，需要我们不断地更新观念、熟悉和掌握新技术，用我们全新的设计理念去为社会的发展作出贡献。

第2节 顶 棚

在建筑装饰设计中主要通过装修完成施工的部分是室内的界面。一般的建筑空间多呈六面体，由界面围合而成。这六面体分别由顶棚、地面、墙面组成，处理好这三种界面，不仅可以赋予空间以特性，而且还有助于加强它的完整统一性。

顶棚是室内空间三个主要界面中不常与人接触的水平界面。由于在人的上方空间，所以，在建筑装饰设计空间形式和限制空间高度方面起着决定性作用。另外，顶棚的变化形式多样，不同的变化常常会带来不同的艺术效果，所以常用它的变化来调解室内的环境气氛。

一、顶棚的设计形式

顶棚的设计形式可以是多种多样的,它可以为不同的室内环境带来不同的艺术效果,通过不同的处理手法,有时可以加强空间的宏大感,有时可以加强空间的深远感,有时可以起到引导空间的作用。但不是任何顶棚形式都可以取得满意的效果,所以顶棚设计要讲究一定的原则性,这样才能对不同类型的室内顶棚做到有的放矢的设计。

(一)暴露结构式

暴露结构顶棚,一般是指在原土建结构顶棚的基础上加以修饰得到的顶棚形式,但不另做吊顶或极少处做吊顶。在历史上,中国古建筑木构架结构大都采用暴露结构式,合理的结构形式和彩画构成了独具风格的木结构建筑体系。在西方古典建筑中,穹顶结构、十字拱结构体系同样是暴露结构。合理的结构体系使内部空间高耸,极赋力量。现在采用暴露结构顶棚的设计手法多为以下几种:

一是顶棚是大跨度结构体系。这一类型主要代表是指钢结构的球形网架式或其他能够展现结构美的大跨度结构体系顶棚。它一般在大空间中运用较多,如体育馆、宾馆中庭等地方常采用(图5-1)。这种形式的顶棚,可以取得大空间、采光好、结构构件组成的结构体系艺术性强的效果。

二是突出工业化设计。有些设计暴露顶棚中多种管线及管道,不考虑吊顶掩盖这些设

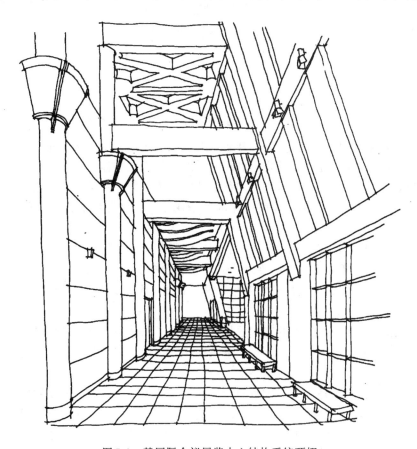

图5-1 某国际会议展览中心结构系统顶棚

备，这种在顶棚中粗细不同的管道和管线，可以给人一种不同于吊顶顶棚的粗犷美，也让人享受了工业时代的多种审美情趣。这一类代表常见于大型仓储式购物中心与餐饮、酒吧甚至有些办公空间等。这种顶棚经济实用，能代表一些喜欢工业化情结设计师的审美取向（图5-2），不少这类的空间在实际使用中取得了满意的效果。

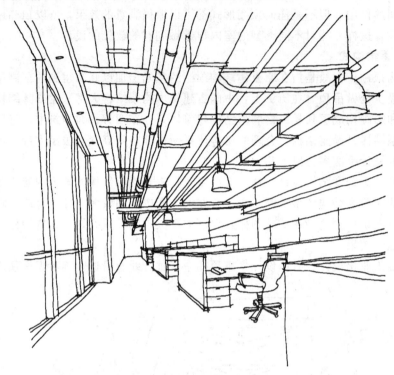

图5-2　某办公室空间顶棚管线暴露，体现着工业化情结

三是有些坡屋顶木做顶棚。在这类建筑中有些是利用原有木结构坡屋顶进行改造后使用的，有些是新建坡屋顶建筑。总之，利用原滋原味的木结构体系，对看惯了平屋顶室内空间的现代人来说，的确有一种欣赏、向往的感觉（图5-3）。相信随着人们生活水平的不断提高，居住条件的不断改善，审美情趣的不断变化，很多异型的建筑空间将会越来越多。

四是室内空间较矮，层高低。这一类空间在我国的日常生活中并不少见，尤其以住宅建筑为多。在这类建筑的设计中，要以暴露原结构顶棚为主，辅以局部吊顶及线条装饰（图5-4），这样既可以取得一定的艺术效果，又可以最大限度地利用室内空间。

（二）吊顶类

吊顶类的形式很多，所追求的艺术效果也不一样。从外观来分，常见吊顶类顶棚形式可以归纳为以下几大类：

1. 平顶式

吊顶后的顶棚表面平整，无明显凸凹变化的吊顶形式。在此类吊顶顶棚面中多均匀排放一些嵌入式的筒灯、牛眼灯或灯箱，局部点缀射灯、吸顶灯等。这种顶棚构造单一，施工方便，表面简洁大方，整体感明快。适合于办公空间、教学空间、商业空间等功能性较单一的空间（图5-5）。

图 5-3 坡屋顶木做顶棚

图 5-4 以暴露原结构顶棚为主、局部辅以线角的顶棚

图5-5 平顶式顶棚吊顶

2. 灯井式

灯井式是吊顶类顶棚最常使用的形式。它是由顶棚吊顶局部棚底标高升高产生的顶棚形式，局部升高平面常布置灯具，所以称之为灯井式。灯井式的平面样式变化很多，可设计成方形、长方形、圆形、自由曲线形、多边形等（图5-6）。

如果把灯井口悬挑，内藏灯光，就形成了反光灯槽（图5-7）。它主要起辅助光源的作用，使顶棚照明更加柔和、均匀，而且照明艺术性较强。也可以将局部升高成台阶式，即所谓的多层叠级（图5-8）。它常见于室内层高较高，设计追求变化的顶棚。此类灯井向心性很强，突出灯具。

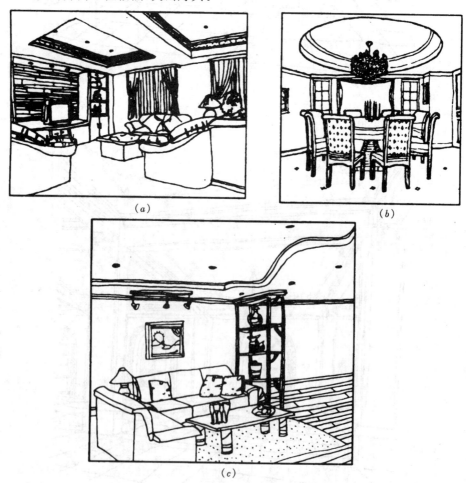

(a)

(b)

(c)

图5-6 灯井式吊顶

(a) 长方形灯井式吊顶；(b) 圆形灯井式吊顶；(c) 自由曲线灯井式吊顶

图5-7　带有反光灯槽的灯井

图5-8　台阶灯井式吊顶

另外，在有高差的灯井处也可以做成格栅或灯箱形成发光顶棚。常见做法是以龙骨和玻璃组成饰面，顶棚内藏照明灯管，透过玻璃形成均匀照明。一般玻璃面常设计成较大面积，故形成发光顶棚（图5-9）。玻璃一般选用非透明的，如磨砂玻璃、纹理玻璃、彩色玻璃、彩绘玻璃等。顶棚放玻璃要注意安全，且玻璃要能够开启，以方便清洗和维修灯具等。

3. 悬吊式

悬吊式是由顶棚吊顶局部标高降低产生的顶棚形式。顶棚的整体可以是折板、平板，也可以是一个大灯箱等多种艺术形式（图5-10）。这种顶棚形式应用广泛，可用于室内空间需要特殊处理的场所，也可以作为大面积的吊顶形式出现在体育馆、剧院、音乐厅等文化艺术类的室内空间中（图5-11）。这种吊顶形式局部降

图5-9　某酒店的发光顶棚

低空间，形成有收有放的空间形式，并使局部形成小空间，感觉很亲切，私密性较强。

4. 韵律式

韵律式是指在顶棚吊顶中呈现某种有规律变化、重复图案的吊顶形式。韵律式吊顶不存在灯井中心的问题，所以平面布置不用过多考虑顶棚的对位关系，适合于平面布置经常更换，以及大空间的顶棚吊顶形式。

（1）井格式

井格式是由纵横交错的井字梁构成的吊顶形式。顶棚造型主要由均匀分布的多个凹井组成的一种顶棚形式。这种顶棚可以是由建筑结构层的井字楼盖改造后形成的，也可以是由原主次梁结构添加假梁而形成的。从外观看，这种顶棚形式节奏性强、图案性强（图5-12）。通过用木线、石膏线等多种装饰手段去完善凹井，并在凹井中心处配置合适的灯具，这一顶棚造型形式可以取得较好的效果，但由于这种顶棚隐藏工程难做或吊顶施工相对比

图 5-10　酒吧间的悬吊式吊顶

图 5-11　柏林爱乐音乐厅悬吊式吊顶

较麻烦，所以现在采用这种吊顶形式的并不多见。

　　（2）格栅式

　　格栅式是有规律的格栅片均匀分布的吊顶形式。格栅片可组成井字格也可组成线条形式，这种吊顶形式材料单一，施工方便，造价便宜，造型较为流畅，韵律感较强。但随着格栅间距加大，原栅面也会显露出来，如原栅面处理不当，可能会造成整体效果不佳。格栅片一般用轻钢、铝合金等材料加工而成。也有些格栅片是由施工单位现场木作而成的（图5-13）。

图 5-12　井格式吊顶形式

图 5-13　格栅式顶棚造型

（3）散点式

散点式是指在顶棚吊顶时采用单一图案造型并重复使用的吊顶形式。这种吊顶形式图案清晰，节奏感好，施工容易掌握，适宜宾馆、候机楼、候车室、商场等大空间的顶棚使用。但是由于图案单一，图案的造型设计就显得犹为重要，解决好图案造型设计，此空间的顶棚造型就已成功了一半,上海浦东国际机场航站楼就是一个成功的例子。此航站楼出发大厅吊顶采用蓝色金属穿孔板,屋顶上开有方形天窗,支撑屋架的白色金属杆自天窗穿出,形成一个个散点式的图案(图5-14)。在蓝色的背景下,如同蓝天白云,夜晚则由安装在屋架两头的聚光灯将顶棚吊顶和金属杆照亮。

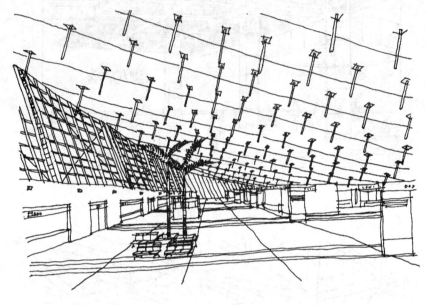

图5-14 浦东国际机场航站楼出发大厅散点式顶棚造型

(4)悬浮式

在一些建筑装饰设计中,由于室内空间宽敞,室内层高较高,给设计者一个较好的发挥空间。随之一些异型吊顶形式大量出现,它既可以看出一些设计者的设计取向,流行趋势,又可以活跃室内空间气氛,使建筑装饰设计更富个性、更有活力,其中悬浮式吊顶比较有代表性。

在有些室内中设计者将吊顶做成曲线面,使吊顶更有立体感,创造出看似流动的悬浮吊顶。此种悬浮吊顶选材也很广,可选用金属网格、塑铝板、氟碳喷涂金属板等复合板材,也可选用织物等软类材料。此种吊顶形式占用空间高度较大,纵深感很强,如设计选材得当,室内空间效果不会感觉沉重,相反随着流动的曲线面的不断延伸,吊顶会显得轻盈、动感(图5-15)。

在另外一些建筑装饰设计中,一些前卫的设计者将一些曲线的隔片不规则的悬挂在空间,将空间塑造的介乎于真实和幻想之间,让人浮想联翩(图5-16)。在此类悬浮吊顶中,真实的隔片和间隔的虚空间组成了一幅极富动感、虚幻的空间造型,为室内空间的功能设计增添了一份影响,同时更为空间变化带来了一份神秘感。

二、顶棚的材料选择及常用设备

由于顶棚是在人活动的基本空间的上方,且有时空间较大,所以设计者经常设计一些吊顶造型或安排一些设备管线在上方,下面介绍一下吊顶常用材料及顶棚常用设备。

图 5-15　某酒店的悬浮式顶棚造型

图 5-16　此类悬浮式顶棚组成了极富动感、虚幻的空间造型

（一）顶棚材料的选择

顶棚的装饰材料选择分为两部分：一是顶棚吊顶的围护材料，另一部分是顶棚的饰面材料。作为吊顶的围护材料通常应该考虑选用防火性能好，便于施工安装，体重轻，造价

低的装饰材料。现在的建筑装饰设计常选用的是纸面石膏板。石膏板平整度好、造价低、施工便捷，但也有怕潮湿等缺点，所以它适合于潮湿度小的顶棚吊顶中作为围护材料。除纸面石膏板外，还可以选用纤维板、胶合板、细木工板等作为围护材料，纤维板造价低，但板材质量较差，适合低档次装修用。胶合板较薄，易弯曲，顶棚有曲线造型时常局部使用。细木工板平整度好，适合各种造型，设计时常被采用但价格较高。另外，这些板材都是由木制纤维热压而成的，所以防火性能较差，不易大面积使用，只在局部造型中和防火涂料配合使用。使用时要符合国家有关装修的防火规范。

在饰面材料的选用中，常见的有三大类；涂料类、裱糊类、板材类。它们是在楼板底面或围护材料底面处理平整的基础上，进行施工操作的。

涂料类是设计中常选用的一种饰面材料，它应用面很广。现常用的乳胶漆类涂料，造价低廉，施工方便，作为顶棚饰面材料它可以在高级宾馆中采用，也可以在普通居室中使用。

裱糊类也是较常采用的一种顶棚饰面材料，比较有代表性的是贴壁纸。顶棚贴饰面壁纸，施工难度较大，所以大面积顶棚裱糊不宜采用，小房间可考虑使用。

板材类作为顶棚饰面材料近些年也较为多见。设计中可以选用榉木、胡桃木、水曲柳等纹理精美的木制饰面材料做局部造型，或者选用金属板材如不锈钢板、金属彩板等，还可以考虑塑铝板、氟碳板等复合型饰面材料。板材类饰面材料造价较高，但设计选用适当，可以取得较好的艺术效果。

有些顶棚饰面材料的选择既有维护作用，同时也有完整的饰面，施工中和龙骨配合安装完成，不用另行覆盖饰面材料。这样的材料主要有矿棉装饰吸声板、石膏装饰吸声板、石棉装饰吸声板、金属微孔板、塑料扣板等。这些材料具有防火阻燃性能，施工方便，维修便利，图案整洁，常在公共空间的顶棚中采用。

  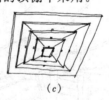

(a) (b) (c)

图 5-17 顶棚常用设备端口
(a) 喷淋头；(b) 探测器；(c) 通风口

（二）顶棚常用设备

棚面吊顶上除要安装各种灯具外，在一些大型空间的吊顶内还不同程度地隐蔽多种管线设备，其设备的端口也在吊顶上，如通风口、探测器、喷淋头、扬声器（图5-17）等，以满足空间的通风、消防及广播、报警要求。配置这些设备首先要满足技术上的要求，同时，又要以恰当的尺度、形状、色彩和符合构图原则的排列方式美化顶棚，使其成为顶棚上整体造型的一部分。通风口的形式有方形、圆形、带形等，扬声器喇叭、探测器、喷淋头一般都伸出吊顶之外，这些设备与灯具可综合地布置在一起。在门窗的上口，一般装有窗帘、门帘，有的装有热风幕，这些部位在顶棚处要做窗帘门帘盒及风幕罩。

第3节 地　面

地面是室内空间三个界面中和人接触最为频繁的一个水平界面，视线接触频繁，并且要承接静、活荷载，所以地面的设计不但要艺术性强，而且还要坚固耐用。在不同使用功能的房间里，地面的设计要求还要包括耐磨、防水、防滑、便于清洗等。特殊的房间地面还要做到隔声、防静电、保温等要求。

因为地面与人的距离较近，其色彩和图案能够很快地进入人的第一感觉，给人以或好或差的印象。所以设计地面时，除根据使用要求正确选用材料外，还要精心研究色彩和图案。另外，地面是室内家具、设备的承载面，同时又是它们的视线背景，所以在设计地面的时候要同时兼顾考虑家具和设备的材质、图案和色彩搭配，使视觉感受更加理想。

一、地面的设计形式

随着我国装饰行业的迅速发展，地面装饰一改以前地面水泥的低档装饰，各种新型、高档舒适的地面装饰材料相继出现在各种室内装修的地面中。从设计形式分类，主要有平整地面设计和地台地面设计两种形式。

（一）平整地面设计

平整地面主要是指在原土建地面的基础上平整铺设装饰材料的地面，地面保持在一个水平面上，并可以任意进行图案划分设计，这种地面铺设形式最为常见。在进行地面图案划分设计时应注意以下几种划分方法。

1. 质地划分

质地划分主要是根据室内的使用特点，对不同空间的地面采用不同质地地面材料的设计手法，也可以称其为功能性划分。如在宾馆大堂中人流较多，常采用坚硬耐磨的石材，但在客房里则要采用脚感柔软的地毯装饰地面。在家庭装修中，厨房常采用地砖，卧室则选用木地板装修（图 5-18）。

图 5-18　不同房间用不同质地的材料装饰地面

图5-19 商场的向导性划分引导购物

2. 导向性划分

在有些室内地面中常采用不同图案来突出交通通道,并对客人起到导向性作用。这种设计往往在大型百货商场、博物馆、火车站等公共空间采用。例如,在商场里顾客可以根据通道地面材料的引导,从容进行购物活动（图5-19）。

3. 艺术性划分

对地面进行综合的艺术性划分是室内地面设计最主要的因素之一,也是最常采用的手段。它是通过设计不同的图案,并进行颜色搭配而达到的地面装饰艺术效果。通常,使用的材料有花岗石、大理石、地砖、水磨石、地板块等,这种地面划分往往是同房间的使用性质紧密相连的,用以烘托整个空间的气氛。如在宾馆的堂吧设计中自由活泼的装饰图案地面（图5-20）,用以达到休闲、交友、商务的目的。在宾馆的大堂设计一组石材拼花地面,既可以满足使用功能,也可以取得高

图5-20 自由活泼的地面装饰图案

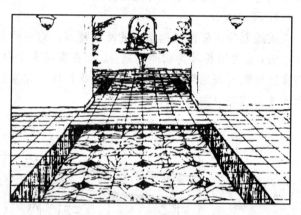

图5-21 不同石材组合形成的地面艺术效果

雅华贵的艺术效果（图5-21）。在某美术馆的展馆里选用整齐洁净的大型方砖铺地,同样可以达到简约的艺术效果,使参观者能够心态平静,一心一意地欣赏艺术品（图5-22）。在一些休闲、娱乐空间的室内地面设计中,有些设计师将鹅卵石与地砖拼放在一起布置地面,凹凸起伏的鹅卵石与地砖在照明光线下有着极大的反差,不但取得了较好的艺术效果,而且设计者利用不同材质的变化将地面进行了不同功能的分区（图5-23）。

（二）地台地面设计

在一些较大的室内空间里,平整地面设计难以满足设计的要求。所以,设计力求在高度上有所突出,形成在大空间里,有不同标高的地面,这就是地台地面。修建地台常选用砌筑回填骨料完成,也可以用龙骨地台选板材饰面,这种做法自重轻,在楼层中采用更合适。

图 5-22　简洁、明快的地面装饰更适合展览空间的艺术风格

图 5-23　利用凹凸起伏的鹅卵石将地面进行功能分区

地台地面应用的范围不是很广，但适当的场合采用可以取得意想不到的艺术效果。如宾馆大堂的咖啡休闲区常采用地台设计。地台区域材料有别于大地面，常采用地毯饰面，加之绿化的衬托，使地台区域形成了小空间，旅客在此休息有一种亲切、高雅、休闲、舒适的感觉（图5-24）。在家庭装修中也常采用地台的方式，形成有情趣的休闲空间（图5-25）。

地台设计还常在日式、韩式的房间装修中采用，形成鲜明的民族风格。和地台设计相反的还有下沉地面的设计手法，但采用的机会不多。

图5-24　某星级宾馆地面地台形成高雅的休闲区

图5-25　家庭装修的地面地台设计

二、地面材料选择

现在可用作地面的装饰材料范围很广，质地不同效果也不同，适用的室内性质不同选择也不一样。按所用材料区分有：木制地面、石材地面、地砖地面、艺术水磨石地面、塑料地面、地毯地面等，以下对上述地面材料逐一进行介绍。

（一）木制地面

木制地面通常是指木地板，而木地板块又是最为常用的地面材料。其优点是色彩丰富、纹理自然、富有弹性，隔热性、隔声性、防潮性能好。常用于卧室、体育馆、健身房、幼儿园、剧院舞台等和人接触较为密切的室内空间。从效果上看，架空木地板更能完整地体现木地板的特点。

（二）石材地面

石材地面常见的有花岗石、大理石等石材。花岗石质地坚硬，耐磨性极强，磨光花岗石光泽闪亮，美观华丽，用于大厅等公共场所，可以大大提高空间的装饰性。由于花岗石表面成结晶性图案，所以也称为麻石。大理石地面纹理清晰花色丰富，美观耐看，是门厅、大厅等公共空间地面的理想材料。由于大理石表面纹理丰富，图案似云，所以也称为云石。这两种地面坚硬、耐磨，使用长久，石头纹理均匀，色彩丰富，常用于宾馆、商场等交通繁忙的大面积地面中。大理石作地面常和花岗石配合使用，它的质地较坚硬，但耐磨性较差，纹理清晰，图案美观，色彩丰富。常用作重点地面的图案拼花和套色。

（三）地砖地面

地砖的种类主要是指全瓷地砖、彩釉地砖、劈离砖等陶瓷类地砖。其特点是花色品种丰富，便于清洗，价格适中，色彩多样，在设计中不但选择的余地较多，而且可以设计出非常丰富多彩的地面图案。地砖还有镜面类地砖和防滑类地砖等多种表面形式，适合于不同使用功能的建筑装饰设计选用。地砖另外一个特点是使用范围特别广，适用于各种空间，如办公、医院、学校、家庭等多种室内空间的地面铺装，特别适用于餐厅、厨房、卫生间等水洗频繁的地面铺装。

（四）陶瓷锦砖

陶瓷锦砖又称马赛克，是以前曾流行过的饰面材料，随着地砖的大量使用，陶瓷锦砖逐渐被一些设计者所遗忘，其主要原因是因为它是由很多小块瓷砖组成的，地面铺装后感觉较碎。但陶瓷锦砖的特点也很突出如可拼成各种花纹图案，质地坚硬，经久耐用，花色繁多，还有耐水、耐磨、耐酸、耐碱、容易清洗、防滑等多种特点。随着设计理念的多元化，设计风格个性化的出现，陶瓷锦砖的使用会越来越多。

陶瓷锦砖多用于厨房、化验室、浴室、卫生间以及部分墙面的装饰。在古代，许多教堂等公共建筑的壁画均由陶瓷锦砖拼贴出来，艺术效果极佳，保持年代长久。

（五）艺术水磨石地面

水磨石地面质地坚硬、耐磨，可作出多种图案，彩色水磨石是在地面上进行套色设计，形成色彩丰富的图案。

水磨石地面价格较低，适合一些普通装修的公共建筑的室内地面，如学校、教学楼、办公楼、食堂、车站等公共空间。

水磨石地面施工有预制和现浇两种，一般现浇的效果更理想。但有些地方必须预制，如楼梯踏步、窗台板等。

（六）塑料地面

塑料地板是指以有机材料为主要成份的块材或卷材饰面材料。它的价格经济、装饰效果美观、擦洗方便、脚感舒服、不易沾灰、噪声小、耐磨、有一定的弹性和隔热性，不足之处是不耐热、易污染，受锐器磕碰易损坏。另外，还有用合成橡胶制成的橡胶地板。该种地板也有块材和卷材两种。其特点是吸声，耐磨性较好，但保温性稍差。

塑料地板多用于公共建筑和住宅室内，也有用于工业厂房的。橡胶地板主要用于公共建筑和工业厂房中对保温要求不高的地面、绝缘地面、游泳池边、运动场等防滑地面。

（七）地毯地面

地毯作为地面装饰材料有着悠久的历史。它是以动物毛纤维、人造纤维为原料以手工或机器编织而成的一种具有实用价值的纺织品。它是现代室内地面采用较多的一种装饰材料。

地毯有纯毛、混纺、化纤、塑料、草编地毯之分。通常地毯具有弹性、抗磨性、花纹美观、隔热保温等优点，但它相比其他地面材料还有清洗麻烦、易燃等缺点。所以设计中在选用地毯时要注意以下两个环节：首先要考虑防火、防静电性能好，其次要根据交通量的大小选用耐磨性高、防污性能好的地毯。

地毯的使用范围较广泛，在公共建筑中，如宾馆的走廊、客房都可满铺地毯、以减轻走路时发出的噪声，在办公室或家庭也都可以使用地毯，不但保温，而且可以降低噪声。

第4节 墙 面

墙面是室内三个界面中，惟一一个垂直界面。是人们进入室内视线第一时间触及的界面，同时墙面也是人们经常接触的部位，是装饰材料运用最为广泛的一个室内界面，所以墙面的设计不但要考虑保证围护功能的需要，而且更是设计者展现设计风格的一个界面。

一、墙面的设计形式

对于墙面的装饰设计，要考虑满足使用功能、精神功能两方面的要求。只有在对其设计原则充分理解的基础上，才能设计出理想的室内墙体界面。

（一）设计原则

在建筑中墙体有承重墙和非承重墙之分，在使用者看来，墙体主要是起围护和间隔作用，如何在设计中既保证美观又不影响墙体结构，应该注意以下几点原则：

1. 安全性

在进行室内装修设计中，常出现拆东墙补西墙的情况，如何在不损害原建筑结构体系的条件下，拆除不需要的墙体，这是设计中较难把握的一个问题。这就要求设计者在设计中严格执行安全性的原则，能不拆的就不拆，若要拆则要在征得结构设计师同意并在有关规范、法规允许的条件下进行。

2. 保护性

墙体表面由于与人接触频繁，极易损坏，所以装饰设计要考虑到墙体的保护性。对人体接触多的1.5m以下部分墙体，有些设计成墙裙就是这个目的。门套的装修不但起到了保护墙角的作用，而且达到了美观的艺术效果。在厨房和卫生间常用瓷砖装修墙体，不但美观，更主要是保护了墙体免受水洗和油烟的侵蚀。

3. 功能性

由于使用功能的不同，各种房间对墙体的要求也不同。居室要求比较安静、舒适，墙面的导热系数小，所以采用壁纸、壁布、软包、木板等装修材料更为合适。

在电影院、音乐厅等公共视听空间，对声学要求比较高，墙面装修就要综合考虑隔声、吸声、反射等要求，并通过选用材料和墙体自身的形体变化来满足声学方面的要求。

在医院特殊房间、录音棚等空间里，墙壁要求绝对隔声，所以选用装修材料时要考虑隔声，并按照一定的构造做法装修墙面。

4. 艺术性

墙面与人的视线接触时间在三个界面中最长，面积最大，所以墙面装饰的艺术性就显得很重要。

一个好的墙面设计，往往是对设计者艺术修养、材料知识、施工经验等能力的考验。使用者则是通过对墙面的形状、质感、色彩、图案等综合因素去感受设计。

（二）设计形式

墙面的设计要遵循艺术规律去设计，用比例、尺度、节奏、韵律、均衡等艺术手段去组合墙面。墙面的形式很多，设计形式很难归类，这是由于墙面的设计方法多种多样，设计者的思路千头万绪，下面就一些普遍性的设计形式加以分析。

1. 三段式墙面

建筑在立面上有三段式设计，室内墙立面同样最常见的也是三段式设计，这种设计符合传统的构图原则。

三段式墙面是将立面自下而上分为三个部分：第一是踢脚和墙裙部分；第二是墙身部分；第三是顶棚与墙交角形成的棚角线部分（图5-26）。在有些设计中，没有设计墙裙或只设计了腰线，这些都是三段式的扩展形式。

图5-26　三段式墙面设计

三段式墙面设计符合严谨的传统建筑构图法则，下面可看成基座，上面有收口，符合大多数人的审美观点，既能满足简洁明快的设计风格，又能展示出富丽堂皇的另一面（图5-27），所以这种设计形式广为设计者采用，经久不衰。

2. 整体墙面

这种墙是自下而上用一种或几种材料装饰而成的，图案整体性强，一般不设踢脚和阴角线，墙面风格统一，简洁明快，节奏感强。考虑到踢脚处易损坏的特点，在设计中选用材料时，要注意材料的质地要坚硬些，材料的分隔要均匀并有节奏变化（图5-28）。这种墙面可供选择的材料较多，应用场合较多，如宾馆、商场、居室等空间均可局部或整体采用。

3. 立体墙面

随着装修业的发展，设计师不满足旧有的墙面设计方式，在一些讲究气氛需要渲染环境的空间中，立体墙面相继出现（图5-29）。这种墙面不在一个垂直面上，有时局部凸出墙面，有时局部凹入墙面，还有墙面做多层叠级处理，使墙面立体感强且生动，有些还具有运动感，烘托气氛十分理想（图5-30）。

图 5-27　客厅中典雅、华丽的墙面设计

(a)　　　　　　　　　　　　　　　　　(b)

图 5-28　整体墙面
(a) 客厅整体墙面设计；(b) 浴室整体墙面设计

　　这种墙面占用了一定的室内面积，所以在小空间的房间内不宜采用。对于一些大空间，如大厅、歌厅、夜总会、舞厅、卡通剧场等娱乐、休闲场所则适合采用。

（三）几种墙面设计风格简介

　　我们可以通过墙面设计的基本形式去设计自己喜好的墙面，同时还可以参考其他优秀

图5-29 立体墙面设计　　　　　　　　　图5-30 富有运动感的立体墙面

的建筑装饰设计作品，去完成墙面界面的设计。下面介绍几种当今设计师尝试过的墙面设计作品，从中我们可以学到其如何运用材料，如何体现材料性格，以及如何展现个性精神的。

1. 清水混凝土墙

清水混凝土墙是将模板拆除之后不再加任何修饰的混凝土墙面。

建筑大师勒·柯布西耶是首先运用混凝土而获得成功的。当时他是以"野性主义"而闻名的。这是由于混凝土表面有孔隙，模板排放不够细致导致的。但在柯布西耶手下混凝土却充分发挥了可塑性，将材料性格与设计风格完美统一。

近些年出现的清水混凝土墙面，早已改掉了粗野的表面，展现在人们面前的不但有混凝土的粗犷，更有混凝土细腻的一面，所以被许多设计大师所钟爱，如美国的斯蒂芬·霍尔、日本的安藤忠雄等。现在有很多清水混凝土墙面出现在室内，使室内墙面艺术设计更加丰富（图5-31）。

2. 玻璃幕墙

随着玻璃性能的提高，产品的增多，加上二次深加工技术的发展，玻璃产品已经从以前的单纯采光材料，演变成为玻璃幕墙体系。围绕着玻璃面支承结构的不同做法，出现了三次划时代的发展。首先是常见的框式玻璃幕墙做法，其次是利用结构胶粘结的隐框式玻璃幕墙做法，到现在应用DPG点式连接安装法。从形式上看，前两种做法着重于用玻璃来表现窗户，表现建筑的色彩、质感、体形，但DPG点式连接安装法已超出了上述目的，而更多地利用玻璃透明的特性，追求建筑物内外空间的流动和融合，人们可以透过玻璃清楚地看到支承玻璃的整个结构体系（图5-32）。这种系统已从单纯的支承作用转向表现其可见性及结构美的概念。

3. 超平墙体

超平概念是日本艺术家首先提出的。后被建筑界、演艺界、产品设计等领域广泛加以引用。就建筑而言，"超平"有两个特性：一是指非立体、无深度、极端地强调表皮的倾向，像日本画和动画一样追求二维的平面感觉，采用二维平面重叠的设计手法。二是指空间等级体系的崩溃。空间的大小和布局一般是对应于功能的要求来合理配置的，但超平设计拒绝空间和功能明确的对应，对原有空间秩序概念提出了挑战。

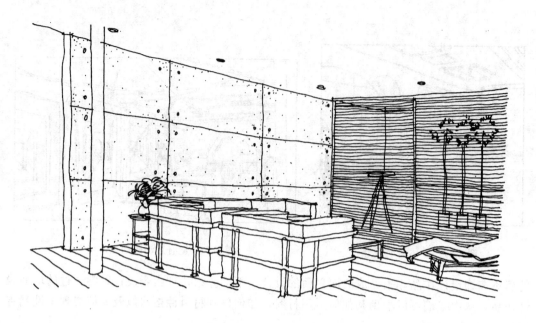

图 5-31 清水混凝土墙艺术设计

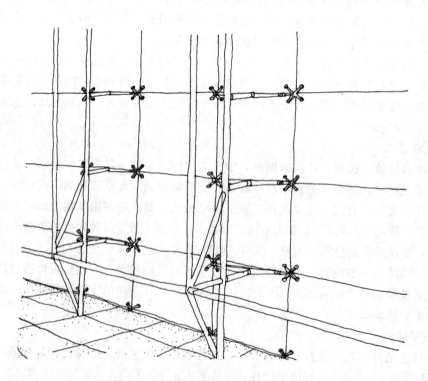

图 5-32 DPG 点式连接安装法玻璃幕墙

在超平墙体中有代表性的就是超平的双层表皮墙体。这种墙体是在结构墙的外表再做一层玻璃的外表皮，玻璃贴磨砂膜，白天呈不透明的乳白状，晚上外层表皮内侧的照明使整个墙体变为发光体，表皮呈现半透明状（图5-33）。

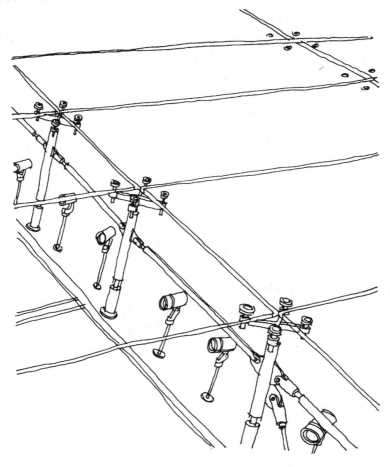

图5-33　具有内外表皮的超平墙体

从以上墙体设计中可以看到墙体设计更趋向于整体性，材料应用更加广泛，新材料、新工艺不断出现，原有建筑材料也在全新的设计手法下不断演绎新的风格。总之，墙体设计不但要在风格上多做文章，还要在细部多下工夫，这样才能取得令人满意的效果。

二、墙面的材料选择

现在作为墙面的装饰材料很多，大致可分为：抹灰类、涂料类、卷材类、贴面类、贴板类等，设计者可充分利用材料的多样性去设计墙面，下面就几种常用的材料加以介绍。

（一）抹灰类

抹灰是一种经济实用的墙面装饰方法，常见做法是在底灰上罩纸筋灰、麻刀灰或石灰膏，然后喷涂石灰浆或大白浆。另外，还有石膏罩面的做法，墙面光洁细腻，并有亚光效果。除此以外，还有拉毛灰、挖条灰和扫毛灰等装饰抹灰做法。其装饰效果较好，尤其在装饰一些不太平整的墙面时更能显示其特点，缺点是墙面容易落灰、藏灰。

（二）涂料类

涂料类装饰材料可用做室内墙面的有很多种，如：大白浆、可赛银、油漆、多彩涂料、乳胶漆、真石漆等。

大白浆、可赛银价格很经济，一般在低档装修中采用。多彩涂料、乳胶漆价格适中，也是普通装修中常采用的饰面材料，特别是乳胶漆类涂料，不易燃、无毒、无怪味，有一定通气性，色彩丰富，施工方便，从高档装修到普通装修都可采用。

真石漆是一种高档涂料，它以聚酯乳液为基料，用彩色石料为骨料，添加各种助剂配制而成的。它的特点是天然色泽、石材质感、水性涂料、喷涂施工、色调耐久，尤其适合于大型公共建筑的内外墙面装饰。

总之，涂料类墙面材料的施工方法，通常采用喷、滚、抹、刷等施工方法进行，各种施工方法的效果不尽相同。不管选择哪一种涂料，在重视环保的今天，设计中首选的应该是国家认定的绿色环保型涂料。

（三）卷材类

卷材是室内装修墙面主要的材料，这些材料包括壁纸、墙布、皮革及人造革等。这种材料图案种类多，色泽丰富，可模仿多种质感，并适合多种室内空间的墙面装饰。

1．壁纸

壁纸是室内墙面装修的典型材料之一。现代壁纸主要有塑料壁纸、织物壁纸和纸基壁纸等。正确选用花色品种，可以获得良好的装饰效果。壁纸的特点是图案和色调品种多，有吸声、易于清洁的特点。特种壁纸具有耐水、防火、防霉等性能，适合于高、中、低等各种档次的墙壁装修使用。

2．墙布

墙布作为墙壁饰面材料，具有经济、品种多、吸潮、无毒、无味、吸声、色泽鲜艳等优点。常用墙布有玻璃纤维贴墙布、装饰墙布、无纺贴墙布、化纤装饰贴墙布等多种品种的墙布。

3．皮革及人造革

皮革及人造革材料，质地柔软，手感好，有隔声隔热的作用，常用在高中档的室内装饰中，在设计中适合于小面积使用，和其他材料搭配可起到画龙点睛的作用。在一些专业要求较高的室内空间，如健身房、练习房等被大面积采用，可使环境增加舒适感，隔声效果好，立体感强。

（四）贴面类

1．石材

现用于装修工程中的石材主要有大理石、花岗石。其特点是坚硬耐久、纹理自然、价格可高可低，表面处理可光滑如镜，也可剁斧粗糙，有天然与人工之分。多在宾馆大堂等公共建筑的墙面上使用，使室内空间富丽堂皇、高贵典雅。

由于大理石是由变质或沉积的碳酸盐岩形成。按其丰富的层次、纹理、质感等又可细划为灰岩、砂岩、页岩和板岩等。我们统称这些石头为文化石，从名称中可以看出用这些石头装饰的房间其文化、艺术感较强（图5-34）。

2．墙砖

墙砖是建筑内墙装饰的精陶制品，俗称瓷片。有釉面砖和无釉面砖及外墙和内墙之分。

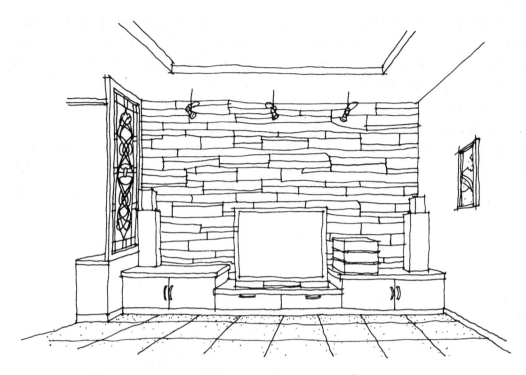

图 5-34　文化石用做电视背景墙面

釉面砖的种类繁多，规格不一，较常见的有152mm×152mm，152mm×200mm，200mm×300mm 等并有相应的腰线，它表面光滑洁净、耐火、防水、抗腐蚀、图案种类多，适合于卫生间、厨房等墙面使用。

（五）贴板类

1. 石膏板

石膏板是以熟石膏为主要原料掺入适量添加剂与纤维制成，具有质轻、隔热、吸声、不燃烧、可切可钉、施工方便等性能。石膏板与轻钢龙骨结合，可在墙面上做各种立体造型，也可做室内隔墙，是一种广为采用的装饰材料。当然，石膏板只是作为一种基板材料出现的，饰面还要由涂料或其他成品板配合使用才能完成。

2. 木材

木材是室内墙面装饰用途极广的一种材料。它材质轻、强度高，有较好的弹性、韧性，对电、热、声音有高度的绝缘性，纹理自然、华贵，视觉感、触觉感俱佳，但防火性能差。

木材可以加工成胶合板、细木工板、纤维板等多种饰面板，特别是胡桃木、樱桃木、影木、枫木、榉木、水曲柳、柚木、花黎木面胶合板更是装修经常使用的饰面材料，这种材料应用广泛，可适用于高、中、低档各种性质的室内空间墙面。还可利用木材的纹理进行拼纹设计，使墙面造型更加丰富。

3. 玻璃

由于玻璃及玻璃构件的迅猛发展，近些年玻璃在建筑设计及建筑装饰设计中大量出现，有的设计者将玻璃与墙面设计结合起来，并取得了较好的效果。玻璃本身经过设计可以做各种磨砂、布纹、裂纹等效果，使造型更具艺术性。

镜面玻璃是一种反射性极强的材料，利用这一特点装饰墙面可以使空间有扩大的视觉效果，产生虚拟空间。另外，它能创造华丽、高雅的气氛，富于变化的生动效果。一般常用于酒吧、餐厅、舞厅等消费娱乐性场所。在一些交通繁忙的场所，使用镜面玻璃面积不宜过大，以免造成视觉上的混乱。

4. 金属板

金属板饰面主要有不锈钢板、氟碳板、铝塑板、铝合金板、钢板、铜板等。这类材料使用寿命长，质地坚硬，色彩丰富，表现特点突出，具有强烈的时代感。作为饰面材料，它们的价格较高，且施工要求精度高。钢板可以通过喷漆、烤漆等方法得到各种各样的颜色。这些材料可以在公共建筑的室内外空间使用，并可根据不同设计要求，在不同的建筑局部使用。

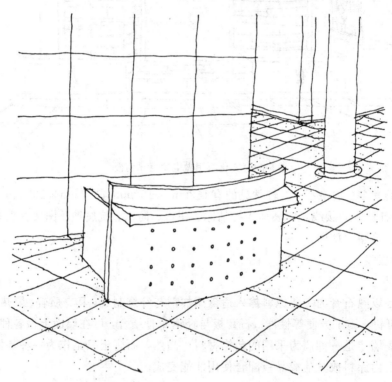

图 5-35　金属板做冲孔，曲板造型

在建筑装饰设计中，根据这些板材的特点，经常设计成曲线板、表面冲孔等艺术造型（图 5-35），以达到现代、简约的设计效果。

第 5 节　室内界面的艺术处理手法

要创造美的室内空间环境，就要运用科学的专业知识对室内空间进行艺术创新。同时，一个设计作品的成功与否，与室内的各种界面的处理是密不可分的，原因有二：一是室内各个界面面积大而成为建筑装饰的重点，也是营造气氛的关键。二是室内界面装修材料固定，不像家具、陈设等可以调换、搬动，因此一旦装修效果不理想，很难对各个界面进行太大改动。所以，掌握室内界面的艺术处理手法就显得很重要，也很必要。

一、室内界面的艺术处理

建筑装饰设计是指室内整体环境的艺术处理。它包含室内空间、室内界面、室内陈设、室内绿化等多方面的设计。室内界面设计是这些设计中最为重要的部分。如果在这方面出问题，后果可能无法挽回或给工程造成损失。所以一个设计作品的产生，往往是从室内各个界面的设计开始着手的，因此，设计者必须熟知室内界面的艺术处理方法。

（一）室内界面设计过程

对于室内整体环境及各个界面的设计，由于每个设计者的理解方式不同，其设计的风格、想法、思路及设计过程也不尽相同，但还是有一定的规律及方式、方法可寻。图5-36所示的图式就是一般建筑装饰设计师对一个建筑装饰设计的思考及设计过程：

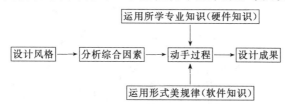

图 5-36　建筑装饰设计过程图式

1. 设计风格

设计风格主要有传统风格和现代风格之分，这在前面章节已经介绍。传统风格主要包括中国传统风格和外国古典风格，现代风格主要指二战后的建筑及建筑装饰设计的各个流派，包含现代主义、后现代主义高科技、新现代主义、结构主义、解构主义等各种风格。在设计中，每个设计者都要在设计作品中展示自己的个性，形成自我的风格，所以设计之初的风格定位很重要。

2. 分析综合因素

分析综合因素主要是在风格定位后，对设计风格的进一步考虑。这里主要包括：使用功能、精神功能、人体工程学、环境心理学、建筑技术等多方面因素。对空间进行构思，及对上述因素的分析，可以对围合空间的各界面进行大致轮廓的勾画。

3. 动手过程

主要包括两方面：首先是运用所学的专业知识，如装饰材料、装饰施工、装饰预算、制图、美术、计算机辅助设计等对作品进行实质性设计。另一方面运用造型形式美的规律，如协调、统一、比例、尺度、均衡、节奏、韵律等对作品进行推敲。

4. 设计成果

通过以上综合分析动手过程，最后得到一个完整的室内界面的设计成果。当然，室内整体的艺术效果，还要有对家具与陈设、绿化与小品等综合因素的考虑。

（二）界面整体气氛的艺术处理

人们在感受室内环境气氛的同时，还要具体品味：室内照明及立体感，材料的质地，包括线脚和图案肌理，材料的色彩等。换个角度看，界面的艺术处理、设计成败就是由这些因素具体体现在使用者面前。所以，设计者在界面的具体设计中，就要根据室内环境气氛的要求和材料、设备、施工工艺等条件去具体解决这些问题。

1. 光线及立体感

光线包括自然光和人工照明（有关照明本书第7章论述）及其带来的明度变化，是室内带给使用者的第一感受。光线给空间带来立体感，所以设计中可以结合自然光和人工照明对室内各个界面进行形体设计，用各种立体界面进行形体设计，用各种立体界面形式去塑造个性及主题。

顶棚设计灯井使棚面产生凸凹变化，再通过照明产生立体及区域中心的感觉，从而显现设计理念，墙面同样可以通过有雕塑感的凸凹变化，产生空间及界面的立体感（图5-37）。

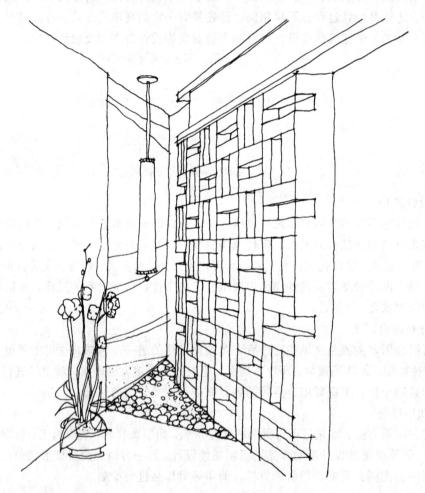

图 5-37　照明加强了富有雕塑感墙面的凹凸变化

纵观世界范围，有很多的建筑装饰设计师都注意对光线的研究，有的利用自然光，有的利用人工照明，将光线和室内界面作为创造的重要元素，极少主义就是其中的重要派别。极少主义强调的艺术规律为：以光线为主角，戏剧化的处理，优质的材料，简洁的形式以及各相关元素间的合理布局（图5-38）。

极少主义将建筑的元素减至最基本的概念：空间、光线、体量。

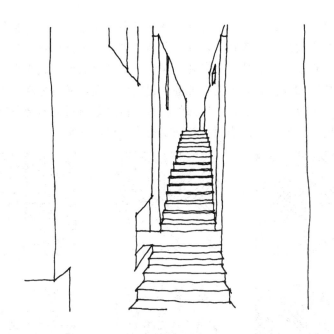

图 5-38　极少主义：空间、光线、体量

　　曲面具有动感和亲近感，它能体现柔软、温和的一面。在实际界面设计中经常以水平、垂直面作背景，以突出自由曲面的造型效果（图5-39～图5-40）。

图 5-39　曲面形成的动感

图 5-40　自由曲面的幽雅、艺术之感

2. 材料质地选择

　　界面材料的选择面很广，不同的材料及材料之间的组合，可以给室内空间带来不同的风格和效果。同种材料用不一样的表面处理方法，一样可以得到不同的效果。

　　木材等装饰材料来自于自然，没有污染，作为建筑装饰材料历史悠久。在提倡绿色材料的今天，被设计者广泛使用，尤其是在表现文脉主义及地方乡土风格的室内空间中经常大量使用。木材具有纹理清晰等特点，利用这些特点可以设计出更多界面的组合。

石材也来自于自然，它的特点是坚硬、粗犷。如果表面处理成光滑的镜面，可以在室内表现出华丽、典雅的性格。如果把它处理成粗糙的表面，又可体现粗犷、野性的一面。

本章前部已经谈过一些适合各种界面的材料，但这些材料的质地及组合给人们带来的感性认识是不同的，下面是不同饰面材料的质地表现出的其精神潜层的内涵（图5-41）。

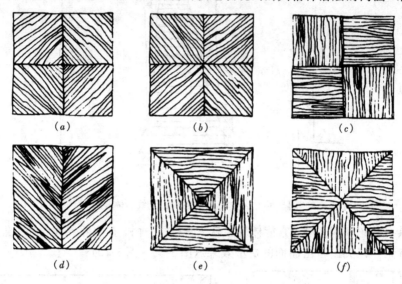

图 5-41 木材饰面的纹理组合
(a) 直缝斜拼菱形式；(b) 直缝斜拼放射式；(c) 直缝斜拼席纹式；
(d) 直缝斜拼鱼骨式；(e) 斜缝直拼方合式；(f) 斜缝直拼放射式

大面积的涂料饰面	整洁、文静
大面积的壁纸饰面	安静、韵律
纹理清晰的木材	自然、淳朴
镜面不锈钢板	光亮、精密
大面积的大理石	典雅、高贵
大面积的花岗石	整体、刚毅
大面积清水砖墙	乡情、情趣

不同的木材其内在的品质不同，以下是一些木材给人的感受。

紫檀木	沉稳、高贵
象牙木	精细、淡雅
榉木	纹理、平和
柚木	古典、华贵
橡木	粗犷、豪迈
桧木	光滑、细腻
枫木	纹理、细致
胡桃木	纹美、高傲

樱桃木	流畅、文雅
影木	丰富、激荡

3. 色彩搭配处理

室内界面色彩的设计是界面整体气氛及艺术处理的重点之一。室内界面的色彩对创造良好的室内气氛，健全人的心理健康都有重要的意义，关于室内色彩的具体作用本书下章将重点介绍。

二、室内界面细部及构件的艺术处理

建筑师赫尔穆特·扬在对建筑设计发表评论时曾说过："在一个理论和图形使人神魂颠倒的时代，建筑细部对于产生真正并且持久的建筑比以往更加重要。真正的危险存在于通过运用软件技术使计算机产生诱人图像的能力将改变我们对时间和空间的感觉。然而，这不应该而且也不能分散建筑师对建筑细部的注意力。"可见，重视建筑细部的设计比只注意建筑概念设计更能使建筑经得起推敲，在建筑室内各界面设计也有许多的细部处理手法，诸如许多细部的线条、纹理及构件，其中有许多设计手法是很成熟的，掌握其中的设计手法可以为室内整体艺术效果打下一个良好的基础。

（一）细部的分类

从人的审美活动中看，除了审视事物的主体空间、造型外，不可避免地要注意设计的细节形式。所以，总构思和细微的处理手法形成了空间，整体的体量组合与局部的细节形象组成了空间，在对环境的审美活动和营造中这种全局观念和细部处理都是不可忽视的。

室内界面中细部的形式和规模千差万别，但无一例外它们都对整体具备功能性作用或形式上的作用，它们都对其中的某一种作用有所偏重。因此，我们可以用功能和形式两种作用来划分细部的类型。

1. 功能性细部设计

功能性细部设计是以解决使用者的生理和整体环境的物质需要为基础的，是整个界面的硬件部分，是必不可少的。如门窗、楼梯、排风口、气包罩等，这些细部是界面的重要组成及构造部分。

功能性细部设计要注意其实用性和技术性。细部设计的实用性是要求设计应以人为本。设计的细部要满足人的使用习惯，细部设计的技术性是指从细部的形式，尺度的伸缩即材质的刚柔粗细，都应满足技术上的基本规范。如在某室内屋面的结构造型中，设计用屋顶拉索解决其中的结构问题，很好地解决了功能性细部设计的实用性和技术性问题（图5-42）。

2. 装饰性细部设计

装饰性细部设计是指设计完全从审美的需求出发，是以使用者的心理需求为基础的，装饰性细部的价值在于对空间的环境效应，社会效益和经济效益等软件方面的完善。由于失去了功能上的制约，它的设计只要遵循一系列的审美法则和经济效益即可。

在装饰性细部设计中具体需要注意的有：首先，细部隶属于整体，它的形式应服从于整体气氛，对整体气氛或烘托和点缀作用。其次，细部具有相对独立性，要求其自身的组合要素之间相互协调，相互衬托，以其自身的完美组织去产生独特的艺术魅力来打动观者。

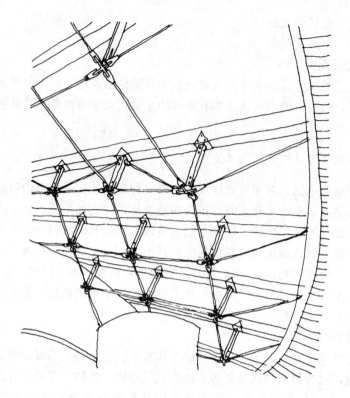

图5-42　功能性细部设计

在室内空间中,起装饰作用的细部设计无疑是以挂画、壁雕等艺术形式出现最多(图5-43),这些艺术品如果在尺寸、色彩、内容等方面选择得当,无疑将对室内环境设计起到极大的

图5-43　装饰性功能细部设计

美化作用。

（二）界面的线形

对同种的饰面材料，在考虑方案时，要注意材料的接缝、对花及间隔问题。

板与板的接缝有实接，也有留有空隙的，空隙处有填充其他材料，也有为凹槽的。对花是指纹理的延续，在同种材料的接缝处经常能遇到这类问题，如壁纸的对花处理，木纹板材的对花处理等等，这反映设计者的设计深度。另外，板面的大小，最好按板材的规格设计，这样可以量体裁衣，减少浪费。

在界面的边缘，不同材料的交接处一般都要做收头或压线处理。如踢脚线是地面与墙面交接处的压线，棚角线是墙面与顶棚交接的压线（图5-44）。同时，也有在界面转折处做

图5-44　墙面与顶棚饰面材料不同时用棚角线

图5-45　墙面界面材料转换时做木压条

压线的情况（图5-45）。另外，在界面与界面之间做凹线处理也是界面过渡的较好选择。

材料之间的交接使界面上产生了许多的线条。各种线条有规律的组合会产生明显的感情意味：水平线给人以安宁感，垂直线则有均衡、稳定感，斜线具有运动、不稳定的感觉（图5-46）。

图5-46　水平线、垂直线、斜线给人以不同的感觉

（三）柱的装饰

在建筑的内部空间中经常能看到柱子，它是室内界面比较特殊的部分。可以把它看作是墙面的一部分，所以柱子的装饰可以随墙面一起处理，也可以单独重点处理，这由设计者的意向而定。

1. 柱子的截面及材料

柱子和墙面的距离不等，可形成不同的柱子类型。如，独立柱、倚柱、壁柱（图5-47）。壁柱实际上是墙的一部分，按凸出墙面多少可分为半圆柱、3/4圆柱和扁方柱等。倚柱的柱身完整和墙面距离很近，这在古典西洋建筑中多见，现代建筑中则少见。

不论结构柱的截面是方、是圆，都可重新装饰成其他样式截面。柱的截面种类大致有方柱、圆柱、矩形柱、多边形柱等。

用于柱子的装饰材料很多，一般墙面可用的材料均可在柱子上使用。如，胶合板、塑铝板、氟碳板，不锈钢板、铝板、钢板、大理石、花岗石等。石材做柱面其矩形柱子的角部常作为装饰处理的重点，常见的有大圆边、小斜边、海棠边、法国边等（图5-48）。由于柱子多阳角或有圆弧面，所以是最能体现材料品质及施工质量的地方。例如，精致的大理石柱面常给人以华丽、唯美的感觉，形成人们的视觉中心。

2. 古典柱式

古希腊、古罗马柱式一般可分为柱头、柱身和柱础三部分。常用柱式有多立克、爱奥

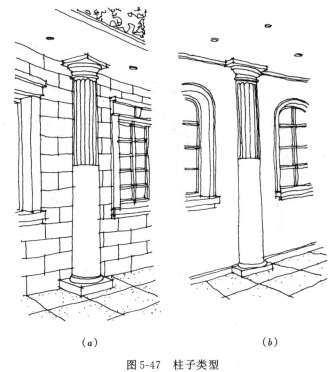

（a）   （b）

图 5-47　柱子类型

（a）倚柱；（b）壁柱

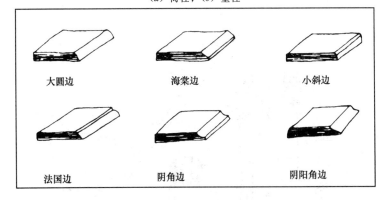

大圆边　　　　　　海棠边　　　　　　小斜边

法国边　　　　　　阴角边　　　　　　阴阳角边

图 5-48　石材柱角的各种处理方法

尼、科林斯三种柱式。另外，古罗马的塔司干柱式也常为现代设计者所采用，它的特点是柱身朴素，没有上凹槽，柱头简洁（图 5-49）。中国古建筑多为木结构建筑，柱子只有柱础和柱身两部分，柱础用石材，柱头部分与雀替相连形成完整造型。但要注意西方古典柱式是以柱本身轴线为对称的，中国古典柱子的雀替则受开间大小不同的影响，形成不对称的柱头部分（图 5-50）。

3. 柱子的装饰设计

在做柱子的装饰设计时，可参考墙面的设计形式，如三段式、整体式、立体式。古典柱式是典型的三段式柱子的代表，现代柱子多数也是按三段式设计的，只是有些在柱头上多下功夫（图 5-51）。整体式柱子柱身更为简洁，更适合简约风格，也适合整体表现（图5-52）。

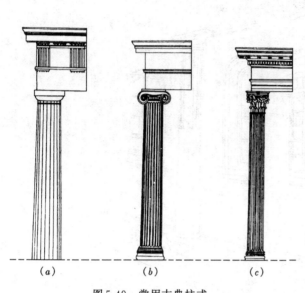

图 5-49　常用古典柱式

(a) 多立克柱式；(b) 爱奥尼柱式；(c) 科林斯柱式

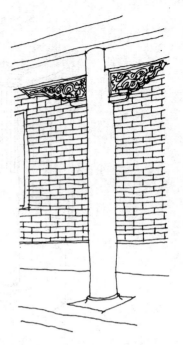

图 5-50　中国古建筑木柱简图

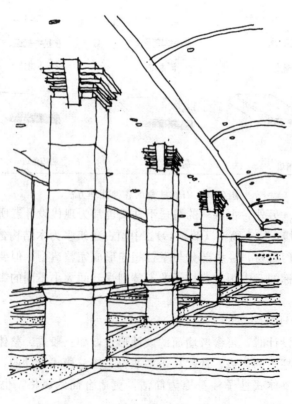

图 5-51　按三段式设计的现代柱子

图 5-52　整体式柱子更加简洁适合整体表现

立体式柱子更注意突出设计的个性，有些设计使人过目不忘（图 5-53）。

如何选用柱子的设计形式，可以依据柱子在室内位置的重要性对其进行设计。如室内的柱子较少、位置较偏或只有壁柱时，在设计处理中可随同墙面一起处理，不做重点设计。这样处理的好处是不突出柱子的存在，使室内较为安静，由于柱子和背景墙面一致，有利于形成空间的完整统一。如果柱子截面尺寸较大，柱子较多，且位于人流较密集的室内则要对柱子进行精心的设计，必要时可用柱子的造型来形成室内的设计风格。如柱子在室内空间中居重要位置，则可对柱子进行重点艺术处理（图 5-54）。

图 5-53　重点艺术处理后的柱子

图 5-54　用一组柱子造型来形成室内风格

（四）隔断的装饰设计

隔断的装饰设计主要是指垂直分隔空间中的装修分隔空间部分。隔断是垂直分隔室内空间的一种特殊界面形式。所谓特殊是可以把它看作一种墙体界面的特殊形式。隔断有封闭式和半封闭式两种，封闭式主要有轨道式隔断、内藏式隔断、花格墙等；半封闭式主要有屏风、博古架、落地罩等。从隔断的使用情况来看，主要分艺术性隔断、功能性隔断。

1. 艺术性隔断

这种隔断形式主要以半封闭式为主。它使用的主要目的有：增加空间层次，使空间互相渗透，并起到美化室内空间的作用。依据隔断与各界面的位置关系可将其分为倚墙式、独立式、悬吊式等（图5-55、图5-56、图5-57）。使用后的空间隔而不断，互相渗透，有很强

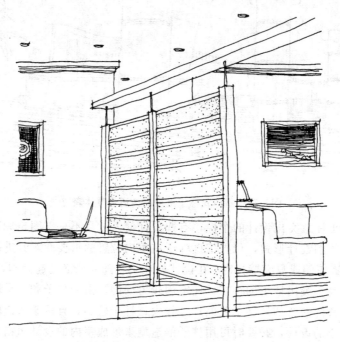

图5-55　倚墙式隔断

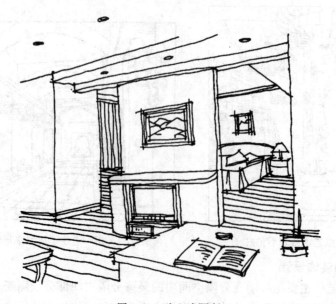

图5-56　独立式隔断

图 5-57　悬吊式隔断

的层次感，使室内空间更加丰富。同时，艺术隔断本身也极富观赏性，对美化室内空间起到了不可低估的作用。

2. 功能性隔断

功能性隔断一般多为封闭式隔断形式。它的功能主要是将大型的室内空间分隔成两个以上较小的室内空间。随着现代人生活内容的丰富，交往以及经营的需要，单一内容的空间往往不能满足人们的要求，需要多种变化的空间形式进行活动、交往。功能性隔断就为业主的经营带来了灵活的选择，同时也为人们交往提供了方便。现在在一些宾馆的大餐厅

图 5-58　内藏式隔断

或大会议室经常设计有内藏式隔断、盘绕式隔断、推拉式隔断等（图5-58）。

（五）楼梯的艺术表现

楼梯是楼层间的垂直交通枢纽，是建筑的重要构件之一，楼梯在建筑中除具有重要的使用功能外，现在也越来越成为艺术表现的重点。

随着房地产市场的异常火爆，大量的跃层住宅、复式住宅的装修越来越多，这为设计有个性化的楼梯提供了可能。另外，一些现代化的建筑其楼梯也是设计的一部分，楼梯的艺术表现已经成为室内造型的一个重点。现在我们接触到的楼梯其结构型式有：梁式楼梯、板式楼梯、悬臂式楼梯和悬挂式楼梯。下面就上述形式的艺术表现方式加以介绍。

1. 梁式楼梯

梁式楼梯是以梯梁作为支承的楼梯。有双梁式、单梁式和扭梁式等型式（图5-59）。图中的楼梯为单梁式楼梯，其简洁、合理的结构型式为现代人所喜爱，使室内的整体风格简约之至。

图5-59　梁式楼梯中的单梁式楼梯

2. 板式楼梯

板式楼梯是以板作为支承的楼梯。支承板有搁板、平板、折板、扭板等（图5-60）。图中所示为扭板楼梯，其舒展的曲线，流畅的踏步使这种楼梯更适合休闲，娱乐等空间使用。

3. 悬臂式楼梯

悬臂式楼梯是以踏步悬臂作为支承体的楼梯。有墙身悬臂和中柱悬臂两种型式（图5-61）。图中所示为墙身悬臂的楼梯，从此种楼梯的造型上可以看到一种结构的美，让人感到现代技术及现代工艺给楼梯细部带来的美感。

4. 悬挂式楼梯

图 5-60　板式楼梯中的扭板式楼梯

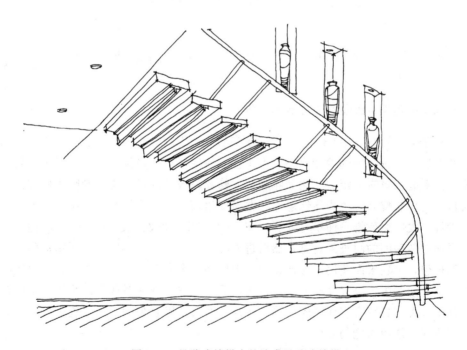

图 5-61　悬臂式楼梯中的墙身悬壁式楼梯

　　悬挂式楼梯是将踏步用金属拉杆悬挂在上部结构的楼梯。有一端悬挂和两端悬挂的形式（图 5-62）。图中所示为一端悬挂的楼梯。这种楼梯打破了一般概念上的结构型式，并使结构杆件外露，又成为了围护构件。这种型式符合现代人欣赏结构美的审美取向，是技术与艺术结合的较好范例。

图 5-62　悬挂式楼梯中的一端悬挂式楼梯

第 6 节　建筑装饰工程实例分析

一、高层公寓楼建筑装饰工程实例分析

本工程是某高层建筑中 93.76m² 户型住宅的装饰工程。作为住宅装饰工程，使用者的爱好和意图影响着设计师的设计思想。本工程是住宅样板间设计，设计中考虑的是一个三口之家，且家庭成员有一定的文化品味和艺术修养，设计的目的是引导购买此类住房的购房者对自己住房装修有一个指导性思路，并对促销商品房起到辅助的作用。

本设计方案中原建筑平面不尽人意（图 5-63），主要问题为：（1）客厅没有直接采光，阳光主要通过各房间的门进入走廊，然后进入客厅；（2）走廊过宽，不实用；（3）三个居室平面不理想，个别平面使用不方便；（4）卫生间穿套布置，浪费面积；（5）餐厅没有固定位置。以上问题中，以客厅采光不足最为严重，购房者往往对此望而止步。所以在建筑装饰设计中，以尽量解决客厅采光问题为主线，对其不够合理的平面布置进行适当的调整为辅，完成好对使用功能的设计。

在设计之前对现场的考察非常重要。这主要包括两方面内容：首先，对现场的感性认识，这包括对空间的感受，对采光环境的考察及房间布置的认识；其次，要对室内的结构、构造、管道的走向有一个全面的了解。这个住宅建筑是一个高层建筑，结构体系是钢筋混凝土框架剪力墙结构体系，住宅中的柱子为结构柱，不能破坏，而住宅中的隔墙均为加气混凝土隔墙，只起维护而没有承重作用，这就为局部的建筑平面调整提供了可能性。有柱就要有梁，考察一下梁底到地面的净高，为顶棚设计提供可靠的依据。考察水暖管线、烟道、通风道等位置，以便为日后的设计改动提供依据。

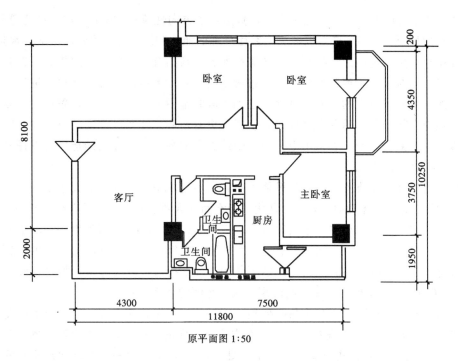

原平面图 1:50

图 5-63　原平面图

在设计落笔之前，要确定该装修的设计风格。本设计考虑的是三口之家，家庭主人有一定的艺术见解及文化修养，所以建筑装饰设计的总体风格要以典雅不高贵、自然不造作的设计理念去完成本次设计。

在动手设计时，首先考虑的是客厅采光问题。如果将客厅中柱子边的短墙拆掉，再将厨房墙打掉和服务阳台连通，使服务阳台的光线进入客厅最为理想。设计中采用了这一方

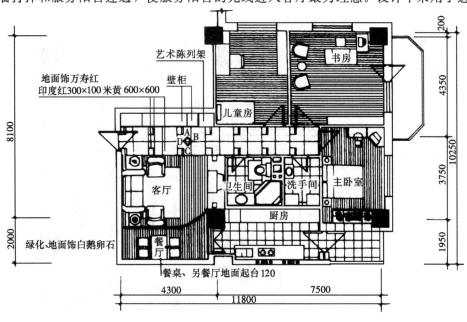

图 5-64　平面图

案（图5-64）。设计中将厨房和卫生间的位置进行了方向性调换，既不影响各自的通风换气，又可以使厨房更加明亮，进而也解决了客厅局部的照明问题。餐厅的设计可谓是水到渠成，原客厅中离厨房最近的边缘处划出一块面积作餐厅最为合适，它离厨房最近，符合使用功能的要求，同时又是厨房到客厅的一个过渡空间。餐厅的范围主要是在地面进行起台设计后得到的，当然顶棚中的小方形灯井也起到了限制范围的作用。另外，餐桌的一侧有一组绿化，地饰白鹅卵石，感受自然风光，使就餐更有情调。在餐厅空间的设计中还有一个重要因素即完善就餐环境，餐桌正上方的一幅油画看似平常，但恰当的选择可以提高就餐的气氛，限定就餐的空间。

客厅的设计是以典雅、自然的风格为主，它不追求豪华、气派的大手笔（见文前彩图5-1）。典雅是指风格优美而不粗俗，自然是指空间和人更容易接近，没有拒人千里、盛气凌人的感觉。客厅范围的形成看上去很自然。一侧是以玄关石材地面为界，一侧是餐厅地台限制范围，设计中还将卫生间的墙后退一个柱宽，使客厅的进深方向加大，可摆放低柜和一些视听产品。视听产品的摆放，限定了休闲沙发的摆放位置及方法，加之顶棚灯井的限定（图5-65），一个完整的客厅空间凸现出来。客厅的墙面设计也有一定的特点，靠近入口的一侧的墙面饰一组壁柜和艺术品陈列柜，壁柜的门推拉式榉木百叶门，既不喧宾夺主又有韵律变化（图5-66），电视及低柜摆放在主入口对面的墙面前，墙面由红影木装饰，局部套色处理，厨房门两侧的柱子文化石饰面（图5-67）。靠近餐桌一侧的墙面是淡灰色高级墙纸（图5-68），和沙发后的墙面处理手法一致（图5-69），其目的就是要把这组墙面作为次要墙面处理，以突出低柜背景墙面的主导作用。客厅的顶棚以一个长方形的灯井为主设计，灯井设计没有突出各种不同造型的变化，而是通过一些凸凹线来修饰灯井，使灯井经得起细部的推敲。客厅地面及起台后的餐椅均采用紫檀木木地板饰面，紫檀木稳重的色彩使空间重心突出，色彩轻重搭配得宜。

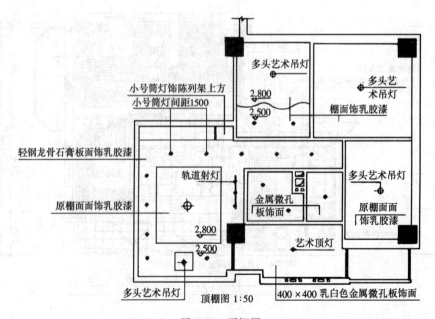

图5-65　顶棚图

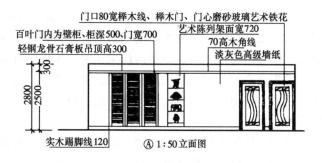

图 5-66　Ⓐ 立面图

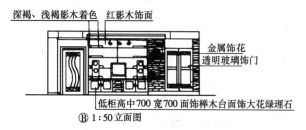

图 5-67　Ⓑ 立面图

图 5-68　Ⓒ 立面图

　　玄关入口处及通入卧室的走廊宽由原来的
2m 缩小到 1.2m。均采用西班牙米黄大理石饰地
面，局部饰以万寿红、印度红等石材。这种处理
手法使通道明确，充分发挥石材易擦洗、耐磨的
特点。玄关右侧是鞋柜，台面饰大花绿石材，可
摆放插花或艺术品，左侧是缩小走廊面积后自然
形成的壁柜，在百叶门的里面还应有一扇推拉的
木框穿衣镜。

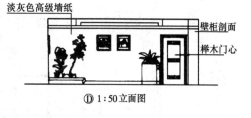

图 5-69　Ⓓ 立面图

　　儿童房的面积扩大了一些，使房间摆放家具更加舒适，儿童房没有复杂的设计。配合
小孩单纯活泼的天真个性，以曲线为主设计了一道波浪造型顶棚带出空间动感，家具以木
本色为主，辅以绿、黄、蓝、红等小面积色彩点缀家具。另外，绿色植物必不可少。

　　主卧室的风格以安静、自然为主。墙面以墙纸为主，床头后墙面做了一些木制拼纹及
套色处理，但没有斜、曲线。家具以木本色为主，以突出自然风情。

　　书房中书柜和休息坐椅各在一边，写字台、电脑桌占主要位置，辅以盆景绿化，形成

一个以学习为主的休息空间,学习之余还可以到阳台呼吸一下室外的新鲜空气及远眺风景。

在整个构思设计中,卧室门、厨房门采用磨砂玻璃加金属花饰为主,可以达到延续光线和增加艺术美感的双重目的。洗衣房、卫生间门采用艺术木制百叶木门,以期更具功能性。所有的窗台面、低柜台面均以大花绿大理石饰面,突出艺术、沉稳的风格。整个空间所采用的装饰木板以红影木、山榉木为主,各居室墙面则以高级墙纸为主,顶棚阴角线饰以实木线,棚面饰以乳胶漆。

总之,本设计是对一个具体工程实例的介绍。这里要提醒注意的是,每一个工程都有其具体的情况、不同的条件,设计中要因地制宜,要注意总结并形成自己的风格。如何利用多种装饰材料、建筑装饰符号等完成设计作品,这才是最重要的。

二、别墅建筑装饰工程实例分析

随着人们生活水平的提高,一部分高收入家庭已经开始考虑购买第二或第三套住房。其中别墅就是他们最为渴望的一种安居之所,因为这会给他们带来全新的生活体验。随着时代的发展,别墅建筑的室内设计将越来越被人们所关注。

在居住建筑中,别墅建筑是面积比较大、功能比较全的居住空间。那么设计如何着手呢?每个设计者都会有自己的思路,那么在进行别墅室内设计时主要从两方面着手:首先是对别墅的家庭成员组成及个人爱好进行分析。购买别墅的消费者一般都有较高的文化水平。所以,设计者不但要对自己的设计作品负责,而且还必须考虑使用者的想法和要求,同时还要对家庭其他成员个人喜好加以分析,从而找到最佳的设计方案。其次,作为设计者还要很好地把握绿色、生态的设计理念,将可持续发展的设计理念作为设计的根本。因为

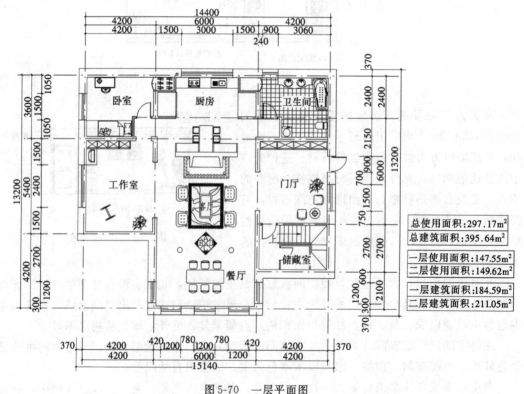

图 5-70　一层平面图

保护环境是每位设计者的社会责任，同时环保还会给设计风格、装修用材带来一定的影响。下面就一个别墅的室内设计实例加以分析。

本工程为北方某别墅室内设计。该建筑为二层，第二层墙身1.20m以上部分为坡屋面。该别墅总建筑面积395.64m²，使用面积297.17m²。在设计之前，对现场要进行考察、实测。考察的主要目的有：（1）对现场的感性认识，这包括对空间的感受，对采光环境的考察及房间布置的认识。（2）要对室内的结构走向，构造处理，管道走向有一个全面的了解，这套别墅结构体系是砖混结构，屋面板现浇，承重墙体不能随意开门打洞，另外还要注意是否有梁。考察一下梁底到地面的净高，为顶棚造型设计提供可靠的依据。考察水暖管线、烟道、通风道等位置，为以后的设计提供第一手资料。（3）将实测的数据整理好，作为施工图、效果图绘制的前期准备。如业主有建筑图纸可加以参考，但尺寸还要以实测为主。

在考察实测之后，对该别墅的大概印象如下：(1)平面布局基本合理，只是餐厅与厨房之间略感有些远(图5-70)。(2)一层工作室、门厅、客厅之间均预留有较大的洞口，为空间的流动提供了方便。(3)二层为主卧室、卧室两套房间，两个房间均带卫浴间，但需要注意的是二层室内外墙墙高1.20m，以上为坡屋面，坡屋面中有两个威鲁克斯窗(图5-71)。

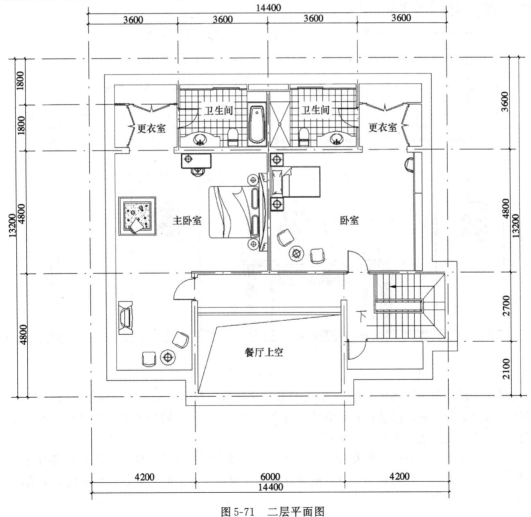

图5-71　二层平面图

在设计落笔之前，确定该建筑装饰设计的风格。根据了解该设计要考虑业主是一个三口之家，家庭男主人为创作型的画家，对艺术有很深的造诣，另一方面，设计中全部材料选用木材、钢材等，这也和该家庭的要求不谋而合。通过综合分析，最后敲定该别墅室内设计风格为：设计要自然、随意，不要人工化；以简约为主，不要繁琐装饰。

设计的重点首先是客厅。已往的住宅客厅设计都是围绕视听墙及视听设备为主要设计布置对象，难免有些雷同。本设计将视听墙的地方设计成了壁炉（图5-72），使整个客厅的家具摆设均围绕在壁炉周围，将壁炉设计成了视觉中心，这在寒冷的北方是可取的，而且还增加了室内人情味及艺术氛围。当然在客厅中视听设备是必不可少的，本设计借用工作室的空间将视听产品放到了开敞的工作室休闲区（图5-73），使两个空间相互借用，相互穿叉，扩大了空间的使用范围。客厅的顶棚设计为吊平顶，饰乳胶漆，简约的设计区别于以往的灯井式设计方案，整体式的顶棚不设主灯具，符合现代人追求整体的设计概念。墙面设计也是以乳胶漆墙面为主，在墙面上方设一圈木线，木线宽度与门口线一致，并与门口上线平齐，在视觉突出的位置上放一些挂画和木雕，使整体墙面简约、自然，并有一定的艺术感染力，地面地板选用北方大尺寸的红松木，并配以环保的水晶地板漆，使整体效果更显自然、大气（见文前彩图5-2）。

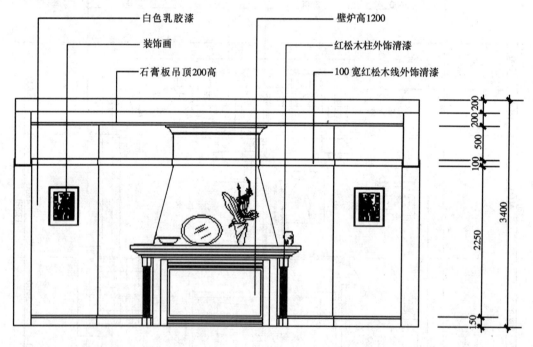

图5-72　Ⓐ 立面图

餐厅的设计与客厅的风格相同，客厅与餐厅之间用简洁的两个木柱加以划分（图5-74），餐厅的自然采光很好，使餐厅有足够的通透性，就餐时可以领略室外的自然风光，不但可以提高食欲，而且还可以充分享受阳光。

客厅与餐厅的家具选择更有特点。餐桌、茶几等均用松木做旧处理，几把老式的餐椅更是选用了一些不起眼的陈旧家具，使设计更具环保特点，同时新旧家具的对比，更增添了室内的艺术魅力。

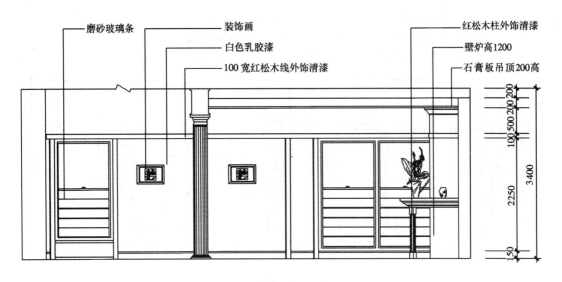

磨砂玻璃条　　装饰画　　　　　　　　　　　　红松木柱外饰清漆
白色乳胶漆　　　　　　　　　　　壁炉高1200
100 宽红松木线外饰清漆　　　　　石膏板吊顶200高

图 5-73　Ⓑ 立面图

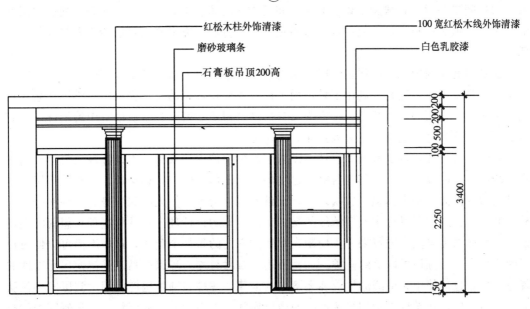

红松木柱外饰清漆　　　　　　　　100 宽红松木线外饰清漆
磨砂玻璃条　　　　　　　　　　　白色乳胶漆
石膏板吊顶200高

图 5-74　Ⓒ 立面图

　　工作室是主人做画的地方，在此次装修中将它设计成了一个开放式的空间。该空间延续了客厅的设计手法，墙面、地面及木做材料均与客厅一致，室内家具简洁，北侧有一组书柜和影视柜，南侧是明亮的工作空间。工作室与客厅互相通视，使到来的客人能更多地参与到工作的乐趣之中。

　　门厅入口处在别墅的东侧（图5-75），门厅的南侧是楼梯，北侧设计成了大壁柜，西侧直对客厅。壁柜设计成四开推拉门，最外一扇下部设计成鞋柜。

　　通过门厅南侧的楼梯门上楼后，左侧可看到一二层相通透的餐厅，右侧是两个卧室。主卧室在设计中追求安静、自然、简洁的风格（见文前彩图5-3），洁白的墙体与大面积的地板形成了室内的两大色块，室内家具较为简单，大面积的斜屋面与两个较大的威鲁克斯窗

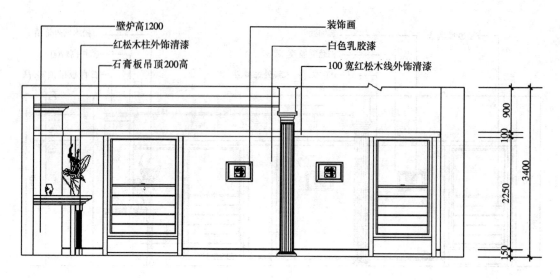

壁炉高1200
红松木柱外饰清漆
石膏板吊顶200高
装饰画
白色乳胶漆
100宽红松木线外饰清漆

图5-75 Ⓓ 立面图

给室内空间更添活力，缺少了繁琐装饰空间给主人的休息更增添了一抹惬意。通往卫浴间的门洞设计成了三角拱，不但解读了坡屋顶，而且打破了方形平面可能给空间带来的单调感。

次卧室是家庭中孩子的居住空间。房内有床头柜、单人床、长案写字台。长案写字台是学习的主要地方，它充分利用了坡屋面上威鲁克斯窗带来的自然光线。在学习之余还可以远眺天空和外面的自然景色，使室内与自然结合得更紧密。在主次卧室中均设计了内衣柜及走入式穿衣室，使设计更具人性化，实用化。

纵观上述设计，可以看出此设计并没有带给你想像中的豪华。本设计理念告诉我们在家庭装修中不应以高档，豪华为目标。过度的装修不但不经济，还会给人一种压抑感。家就是生活的港湾，是人休息、放松之处，设计要以人为本，使人在家中身心得到充分的放松。另外，在此方案设计中贯穿始终的是绿化、生态的设计理念，并将这种思想落实到实处。(1) 尽量用自然光进行采光，使阳光照射到室内的每一个角落，这样不但可以使用户享受到阳光，而且还可以节约能源。(2) 所用装修材料均为环保产品。坚持使用无毒性的装饰材料，包括使用无甲醛的地毯和无溶剂的油漆，各种装饰板也应使用达到国家环保认证的产品。(3) 在设计中特别强调室内的通风换气，以保持室内的清新。医学研究告诉我们，室内的地毯、装饰材料等均含有可散发的化学物质，如果这类物质在室内空气中的含量偏高，就会不利于人体健康。(4) 所用主材多为可再利用和循环使用的材料。如该建筑中的木柱、木做、家具等很多是用拆迁料，楼梯栏杆等用了钢木结合的材料。

总之，本设计只是一个具体工程实例的介绍，这里要提醒同学们注意的是，作为一名设计工作者，肩负着一定的社会责任，我们面临着能源紧张、资金不足、污染严重等一系列发展中的问题。因此，在设计中要尽量贯彻可持续发展的思想，广泛吸取人类历史上发展成功的经验，用完美的设计为人民服务，为社会做贡献。

复 习 思 考 题

1. 什么是室内界面？通常指哪些面？

2. 顶棚的设计形式有哪些？

3. 地面的设计形式有哪些？常用地面材料有哪些？举出两种有代表性的设计形式和材料加以说明？

4. 墙面的设计原则是什么？

5. 墙面设计形式有哪些？常用墙面材料有哪些？

6. 为什么说室内界面设计是室内整体设计中最重要的组成部分？

作业（二）
《三口之家》住宅建筑装饰设计

根据国家对室内装修的要求，结束居民自由装饰、扰民、费力、费事、费材状况，变无序为有序，变低水平为高水平，实行"菜单式"住宅装饰设计方法的精神。针对哈尔滨市繁华地段某多层住宅不同户型的样板间进行建筑装饰设计，选出使用面积118.30m² 的三室二厅错层户型为本次建筑装饰设计任务（图5-76），为后期装修样板间，促销商品房销售，以及为居民提供装修样式起到一个参考作用。

一、装修要求

（1）对所提供的建筑内部空间进行整体处理，解决好不同使用空间的衔接、统一的问题。

（2）通过本次设计，每位同学要基本完善个人的设计风格，并对主要装修材料有感性和理性的认识，加深对详图的理解和认识。

二、技术指标

（1）户型：三室二厅
（2）实用面积：118.30m²
（3）室内净高：3.00m（错层上方也为3.00m）
（4）装修投资：15万元（含设备）
（5）家庭成员：三口之家

三、图纸要求

图纸封面设计、图纸目录、设计说明。
平面图1：50
立面图1：50（包括客厅和两个居室的各个立面）
顶棚图1：50
效果图两张（客厅一张、主卧室一张）
详图4个

四、进度安排

进度可由各教学单位根据具体情况自行安排。

五、附图

户型为三室二厅，附使用面积为118.30 m²的建筑平面图（图5-76）。

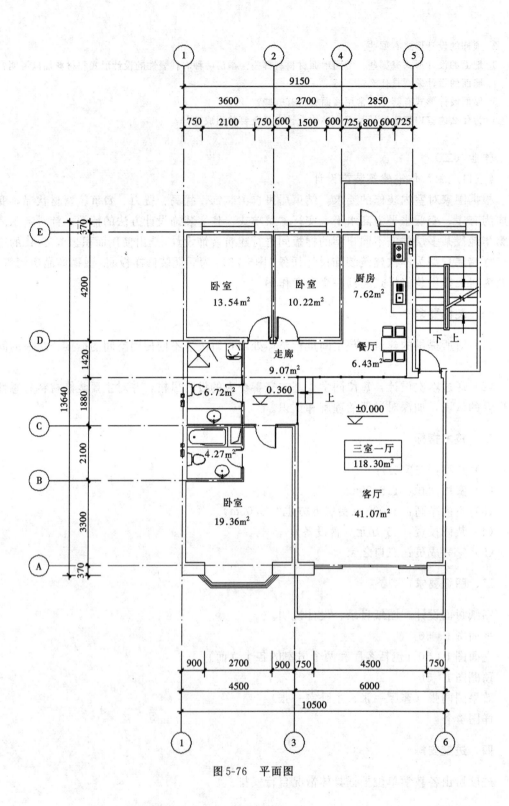

图 5-76 平面图

第6章 室 内 色 彩

人们对室内的第一印象首先是从色彩开始的。所以在建筑装饰设计中，色彩占有重要的地位。室内是否富丽堂皇、艳丽多采或简约自然、清新淡雅，不但与家具、陈设的多少和款式有关，而且还与墙面、地面、顶棚的色彩以及家具、陈设、织物、灯光的色彩有关。建筑装饰设计涉及到空间处理、家具设备、照明灯具等各个方面，最终都要以形态和色彩为人们所感知，形态与色彩不可分。形态再好，如没有好的色彩来表现，也难以给人美感。反之空间形式、家具和设备的某些欠缺却可以通过色彩处理来弥补和掩盖。色彩也是一种最实际的装饰因素。同样的家具、陈设、织物等，施以不同的色彩，可以产生不同的装饰效果。在建筑装饰设计中，色彩还有物理作用、生理作用和心理作用。室内色彩能够影响人们的情绪，它能使人兴奋或安静，也能创造神秘或遐想的气氛，所以说一个成功的建筑装饰设计，在完成界面设计及陈设、家具设计之外，室内的色彩设计也是不可忽视的。

第1节 色彩在建筑装饰中的作用

室内的色彩可以对人产生多种作用和效果，研究和运用这些作用和效果，可以创造一个良好的、怡人的室内氛围，并有助于室内色彩设计科学化、艺术化。

一、光源色与物体色的关系

宇宙间凡是能自行发光的物体叫光源。对地球来说太阳是最大的光源。由各种光源发出的光，光波的长短、强弱、比例、性质的不同，形成了不同的色光，叫做光源色。其中只有某一波长的光为单色光，含有两种以上波长的光为复色光，含有红、橙、黄、绿、蓝、紫所有波长的光为全色光。宇宙间由于发光体的千差万别，所形成光源的色彩也各不相同。因此，为了更好地了解色彩，认识色彩，只有对光源色进行分析研究，对色彩有全面的理解，才能提高对色彩的运用能力和表现能力。

物体色本身不发光，它是光源色经物体的吸收、反射，反映到视觉中的光色感觉。如平时看到的颜料的色、动植物的色、服装及建筑的色等，这些本身不发光的色彩统称为物体色。

各种物体由于所投照的光源色不同，即使投照的光源色相同，也因其本身特征不同，表面质感不同，对光的吸收与反射不同，所处周围环境不同，则形成的物体色也各不相同。图6-1表达了光源色与物体色的关系。

$$光源色\begin{cases} 复色光\begin{cases} 白色光 \\ (全色光) \\ 有色光 \end{cases}投照在不同的物质上\begin{cases} 不透明物质 \\ 半透明物质 \end{cases}反射 \\ \qquad\qquad\qquad\qquad\qquad\qquad\quad 透明物质 \rightarrow 透射 \\ 单色光 \end{cases}$$

图 6-1 光源色同物体色的关系

133

从上面的关系看出：构成物体的色彩，一是物体本身的固有的特性，二是光源的性质（即光源的色彩）

当白色光线照射在一个表面平整而光滑的电镀金属立方体时，受光面基本上为平行反射，故只能看出白色光。

当白色光线照射在一个石膏立方体时，受光面呈洁白的物体色，背光部分则成低明度的灰白色。

当白色光线照射在一个绿色的立方体时，体面吸收了白色光中绿色以外的光线，而反射出其余的光线，则成绿色。

当白色光线照射到表面为黑色大绒包裹的立方体时，体面把白色光全部吸收，使整个立方体成黑色，受光面与背光面基本无显著差别，皆成黑色。实验表明：投照的光线相同，物体特征不同，色彩效果则不同。

若改变投照光线的色彩，用红色光线照射电镀金属立方体其受光面必然反射红光（因平行反射成光源色）。

用红色光线照射石膏立方体，石膏的受光面必然成为红色（扩散反射）。

用红色光线照射绿色的立方体，因为红色光线中基本上不含绿色光，没有绿光可反射而红色光线又被吸收，故绿色的立方体成为黑色。

用红色光线照射黑大绒包裹的立方体时。由于黑色能吸收所有的色光（光线），所以还显示黑色。

通过以上的实验，我们说："物体的色彩来源于光源的色彩和不同质物体的选择吸收与反射的能力，光源的色彩影响着物体的色彩。其中物体色白色及与光源色为互补关系时物体色彩的变化最明显，黑色受光源色的变化影响最不明显，物体的表面质感具有不同的反射值，因而形成了不同的色彩。物体所存在的环境（照射或反射）使物体形成不同的色彩。物体表面方向，如迎光面、背光面、顺光面，由于接受的光线多少不同，形成的色彩也不同。

上述情况是从物理学角度说明光源色与物体色之间的关系。熟悉了这种关系，才能在建筑装饰设计等方面准确地把握表面色彩规律，取得好的色彩效果。

二、室内色彩的作用与效果

（一）物理作用

室内界面、家具、陈设等物体的色彩相互作用，可以影响人们的视觉效果，使物体的尺度、远近、冷暖在主观感觉中发生一定的变化，这种感觉上的微妙变化，就是物体色彩的物理作用效果。

1. 温度感

人类在长时间的生活实践中体验到太阳和火能够带来温暖，所以在看到与此相近的色彩如红色、橙色、黄色的时候相应地产生了温暖感，在看到海水、月光、冰雪时就有一种凉爽感，后来在色彩学中统称红、橙、黄一类颜色为暖色系，青、蓝等颜色称之为冷色系。

从十二色相所组成的色环看，橙色为最暖色，青色为最冷色，黑、白、灰和金、银等色称为中性色。色彩的温度感不是绝对的而是相对的，无彩色和有彩色比较，后者比前者暖，前者要比后者冷。从无彩色本身看，黑色比白色暖；从有彩色本身看，同一色彩含红、橙、黄等成分偏多时偏暖。因此，绝对地说某种色彩（如紫、绿等）是暖色或冷色，往往是不准确和不妥当的。

色彩的温度感和明度有关系。含白的明色具有凉爽感；含黑的暗色具有温暖感。

色彩的温度感还与纯度有关系。在暖色中，纯度越高越具有温暖感；在冷色中，纯度越高越具凉爽感。

色彩的温度感还涉及物体表面的光滑程度。一般地说，表面光滑时色彩显得冷，表面粗糙时，色彩就显得暖。

在建筑装饰设计中，设计者常利用色彩的物理作用去达到设计的目的。例如，利用色彩的冷暖来调节室内的温度感。如在北方长年见不到阳光的居室就适于选用暖色系的色彩（见文前彩图6-1），也可利用材质表面的质感来辅助表达色彩的温度感。

2. 距离感

在人与物体距离一定的情况下，物体的色彩不同，人对物体的距离感受也有所不同，这就是所谓的色彩的距离感。在色彩的比较中，给人以比实际距离近的色彩叫前进色，给人以比实际距离远的色叫后退色。

色彩的距离感与色相有关系。一般来说，暖色系的色彩具有前进、凸出、拉近距离的效果，而冷色系的色彩则具有后退、凹进、拉开距离的效果。

另外，色彩的距离感也和色彩的明度、纯度有关系。高明度、高纯度的颜色具有前进、凸出之感，低明度、低纯度有后退、凹入的感觉。设计者可以利用色彩的这一特点，改善室内空间某些部分的形态和比例（见文前彩图6-2）。

3. 重量感

色彩的重量感是通过色彩的明度、纯度确定的。

决定色彩轻重感觉的主要因素是明度，即明度高的色彩感觉轻，明度低的色彩感觉重。其次是纯度，在同明度、同色相的条件下，纯度高的色彩感觉轻，纯度低的色彩感觉重。

从色相方面色彩给人的轻重感觉为：暖色黄、橙、红给人的感觉轻，冷色蓝、蓝绿、蓝紫给人的感觉重。

同时界面的质感给色彩的轻重感觉带来的影响是不容忽视的，材料有光泽、质感细腻、坚硬给人以重的感觉，而物体表面结构松、软，给人的感觉就轻（见文前彩图6-3）。

4. 尺度感

在色彩学中，色彩还有膨胀色与收缩色之分。给人感觉扩张的色彩叫膨胀色，给人感觉收缩的色彩叫收缩色。由于物体具有某种颜色，使该物体看上去增加了体量，该颜色即属膨胀色；反之，缩小了物体的体量，该颜色则属收缩色。

色彩的尺度主要取决于色彩的明度、色相。明度越高，尺度感加强；反之，收缩感越强。另外，材料的色相越暖，尺度感加强，而冷色有收缩感。在设计中常利用这一特点选择家具及陈设的颜色，调整空间局部的尺度感（见文前彩图6-4）。

（二）色彩的心理效果

色彩的心理效果是指色彩在人的心理上产生的反应。对于色彩的反应，不同时期、性别、年龄、职业、民族的人，其反应是不同的，对色彩的偏爱也是不一样的（见文前彩图6-5～彩图6-6）。现今社会中，专门有从事色彩流行趋势研究的行业，定时发布当前的流行色。作为建筑装饰设计者，不但要掌握色彩知识，还要掌握当今色彩的流行趋势，以免有落后之感。

每个地区、民族对色彩的感情不尽相同，带给人的联想也不一样。下面就针对我国现阶段人们对色彩的心理反应加以分析：

红色　首先红色的波长最长，是一种最醒目的颜色，常使人联想到太阳、火，象征着热烈、活跃、热情、吉祥。红色是血的颜色，它还有刺激性、危险感的一面。另外，粉红色常给人以女性化的感受。

橙色　橙色是最暖的色彩。它容易引起人们的注意，人们也常用此色表达一种丰收、兴奋、进取、文明、成熟的感情。

黄色　在色相中黄色是明度最亮的色彩，光感也最强。黄色常在普通照明中采用，给人以明快、温暖的感觉，用以表达光明、丰收、温暖、喜悦的感情。在古代，黄色象征皇权的尊严，所以黄色还给人一种威严感。

绿色　是大自然色彩的主基调，它不刺激眼睛，能使眼睛得以休息。植物的绿色能给人带来怡人的景观和新鲜的空气，它是清新、纯净、春天、生命的象征。绿色通常给人带来的心理感受是健康、青春、永恒、和平与安宁。

蓝色　是天空、大海色彩的主基调。它使人联想到天空、大海的浩瀚、深远、透明，象征着远大、深沉、纯洁。蓝色也有冷色的一面，容易使人联想到冷酷、寒冷。

紫色　由于紫色的波长最短，自然界的紫色光几乎看不到，人们只能从植物中感受紫色的存在，并从中联想到高傲、富贵的感受。紫色是红色与青色的混合色，偏红的紫色突出艳丽、华贵的一面，偏蓝的紫色更突出高傲、冷峻的一面。

白色为全色相，明度及注目性方面都相当高，能满足视觉的生理要求，与其他彩色混合均能取得很好的效果。白色能使人联想到洁白、纯洁、朴素、神圣、光明、失败等。

黑色为全色相，它与其他色配合能增加刺激。黑色为消极色，它的心理特征为：黑夜、沉默、严肃、死亡、罪恶等。

灰色为全色相，也是没有纯度的中性色。由于视觉最适应的配色总和为中性灰色，所以灰色是最为值得重视的色彩，它与其他色彩配合可取得很好的效果。灰色的心理特征为：阴天、灰心、平凡、消极、顺服、中庸等。

色彩的联想作用还受历史、地理、民族、宗教、风俗习惯等多种因素的影响。有些民族以特定色彩象征特定的内容，从而使色彩的情感性发展为象征性。如藏族视黑色为高尚色，常用黑色装饰门窗的边框，朝鲜族常以白色作为内外装饰的主调，认为白色最能反映美好的心灵。在我国古代，朱红、金黄均为皇家色彩，是最高等级的色彩。现在我国人民在庆祝节日等喜庆的日子时还用红灯笼、红对联等表达自己喜悦心情。

（三）色彩的生理效果

长时间地接受某种色彩的刺激，能引起视觉变化，进而产生生理的不同反应。如长时间注视红色，会对红色产生疲劳，这时眼帘中就会出现它的补色"绿色"。这种促使视觉平衡的色彩适应过程对室内色彩设计是很重要的。设计中不要盲目地、大面积地使用某种单一的、刺激的色彩，否则会引起人的视觉不平衡。在实际设计中，设计者经常能接触到一些特殊行业，如炼钢工人休息室，由于工人长时间接触红色的火焰，在休息室用浅绿色装饰墙面，就能使视觉器官得到休息，达到视觉平衡。

另一方面，色彩的生理效果还表现在对人的心率、脉搏、血压等有明显的影响。近年来的研究成果表明正确地运用色彩将有助于健康，并对病人起到辅助治疗的作用。下面是几种色彩对人体的影响：

红色　刺激神经系统，导致血液循环加快，长时间接触红色，可能出现疲倦、焦躁的感觉。

橙色　使人产生活力，增加食欲，过多采用容易引起兴奋。

黄色　有助于增加人的逻辑思维能力和消化能力，但大量使用容易出现不稳定感。

绿色　能使人安静，促进人体的新陈代谢，可起到解除疲劳，改善情绪的作用。

蓝色　可调解体内生理平衡，缓解神经紧张，改善失眠、头痛等症状。

紫色　对运动神经、淋巴系统和心脏系统有抑制作用。可以维持体内钾平衡，具有安全感。

（四）色彩的对比与协调

室内色彩设计是建筑装饰设计中很重要的一个环节。在色彩设计中，关键就是要处理好色彩的协调与对比的关系。只有使色彩关系符合统一之中有变化、协调之中有对比的原则，才能使人感到舒适，给人以美的享受。色彩协调可以创造平和、稳定的气氛，但过多强调协调就可能显得平淡无奇、单调呆板、毫无生气；色彩对比可以使室内气氛生动活泼，但对比过度会使室内气氛失去稳定，产生强烈的刺激。因此，室内色彩设计应遵循大统一中求小变化的原则。

1. 色彩的对比

色彩对比指两种以上的色彩，以空间或时间关系相比较，能比较出明确的差别时，它们的相互关系称为色彩对比关系。正确地运用色彩的对比，可以增强色彩的表现力，使色彩更有生命力。

（1）同时对比

在同一空间、同一时间所看到的色彩对比现象为同时对比。对比的方式可表现为色相对比、明度对比、纯度对比、冷暖对比。

在色相对比中，两邻接的色彩彼此影响显著，尤其是边缘。原色与原色、间色与间色对比时，各色都有沿色环向相反方向移动的倾向。如红、黄相对比，红色倾向于紫色。黄色倾向于绿色；橙、绿相对比，橙色倾向于红色，绿色倾向于青色。原色与间色对比时，各色都显得更鲜艳，正像黄花与绿叶相对比，黄花显得更黄，绿叶显得更绿。补色相对比，对比效果更强烈，绿叶与红花相对比，绿者更绿，红者更红。无彩色与有彩色之间的对比，有彩色的色相不受影响，而无彩色（黑、白、灰）的色相有较大的变化，使无彩色向有彩色的补色变化。

明度不同的色彩相对比，如黑白对比，浅红与深红对比，明者越明，暗者越暗。对比双方明暗差别越大，对比效果越明显；明暗差别越小，对比效果也越差。

纯度不同的色彩相对比，鲜色一方的色相感越鲜明，弱者越弱。冷暖色彩相对比，冷者更显得冷，暖者更显得暖。

（2）连续对比

当两种不同的色彩一先一后被人看到时，两者的对比称为连续对比或先后对比。举个例子，当我们先看红色的地毯再看黄色的地毯时，我们发现，后看到的黄色地毯带绿色倾向，这是因为眼睛把先看到的色彩的补色残像加到后看到的物体色彩上面的缘故。如先看的色彩明度高，后看的色彩明度低，后看色彩显得明度更低。如先看色彩明度低，后看色彩明度高，则后看色彩显得明度更高。

在建筑装饰设计中，对比色的应用可以得到热烈、喧闹的室内气氛，还可以利用对比色使室内局部成为视觉中心，给人以深刻印象。利用对比色还可以处理好重点与背景的关系，使室内空间有主有次。但对比色之间具有排斥性，运用过多室内效果反而过闹、过乱。在运用对比色装饰室内时要注意不可大面积使用，做到统一中求变化（见文前彩图6-7）。也可利用无彩色系的黑、白、灰、金、银等色与有彩色系极易协调的特点来协调对比色之间的关系，使室内空间气氛统一、和谐。

建筑装饰设计中，一般的色彩规律是在总体空间气氛中强调协调，有重点地追求对比，但这些规律不是一成不变的，要灵活运用、因地制宜，才能取得好的效果。

2. 色彩的协调

色彩调和是指两个或两个以上的色彩，有秩序、和谐地组织在一起，能令人心情愉快、喜欢、满足等的色彩搭配就叫色彩调和。色彩调和能使室内色彩自由地组织构成符合目的性的色彩关系。

（1）调和色的协调

调和色包括单纯色、同类色和近似色。

1）单纯色的协调 单纯色也称同种色，指的是色相相同而深浅不同的颜色。用单纯色处理色彩关系很容易取得协调的效果。浅绿色的地面镶上深绿色的边很协调。但是用单纯色处理室内色彩关系时容易给人单调的感觉，因此应当加大色彩浓淡的差别，最好以小面积的浓色块包围大面积的淡色块。

2）同类色协调 同类色是色环上色距很近的色相。同类色协调最宜用于庄重、高雅的空间，也可用于不宜引人注目、不宜分散精力的卧室和书房。由于同类色协调有利于室内净化和使部件、器物一体化，因此，又适用于体积较小而陈设杂乱的空间。

在建筑装饰设计中，同类色使用不当，可能造成室内平淡、单调的气氛效果。同类色协调的处理手法使用得当，会使室内色彩取得比较好的效果，通常采用的办法是加大明度、纯度的级差（见文前彩图6-8），突出材料的质地、纹理及立体感，利用字画、壁挂、浮雕等点缀界面，减少单调气氛。

3）近似色协调 色环上色距大于同类色而未及对比色的色相都是近似色。如红与橙、橙与黄、黄与绿、绿与青、红紫、蓝紫等都是近似色。这些色所以近似是因为它们都含有相同的色素。

近似色的色距范围较大。色距较近的色彩相协调具有明显的调和性，色距偏远的色彩相协调则有一定的对比性。因此，采用近似色处理室内色彩关系，必然会出现色彩的丰富性。与同类色相比，容易形成色彩的节奏与韵律，形成富于变化的层次。

运用近似色处理室内色彩关系的一般作法为：用一两个色距较近的淡色做背景，形成色彩的协调，再用一两个色距较远的彩度较高的色彩装点家具、陈设，形成重点，以取得主次分明、变化自然的效果。由于近似色的色距范围比同类色大，可以形成多种层次。用近似色处理色彩关系的方法适用于空间较大、色彩部件较多、功能要求复杂的场合。

（2）对比色的协调

对比色是指色环上相对的两个颜色。对比色冷暖相反，对比强烈，跳跃感强。常见的对比色有：红—绿、红棕—青绿、橙—青、黄橙—青紫、黄绿—红紫。用对比色处理色彩关系一般是为了实现以下意图：

1）渲染室内环境，追求热烈、跳跃乃至怪诞的气氛。

2）提高人们的注意力，使色彩部件更明显，给人以深刻的印象。

3）突出某个部分或某些器物，强调背景与重点的关系。

对比色具有相互排斥的性质，在色块面积较大、色彩明度、纯度较高、对比色的组数过多时，很容易出现过分刺激的情况。所以，在室内色彩设计中，对比色的协调是最重要的，因为对比色的协调可满足视觉的生理平衡及心理满足，达到相互补充完美的结果，因此对比色协调有很高的心理价值和审美价值。但同时对比色的协调又是极其困难的，纵观色彩协调的所有方法，主要都是为了处理好对比色的关系而采用的。特别是最强烈的互补色，如红与绿、黄与紫、蓝与橙，如果这三组互补色处理协调，那么其他色彩之间的调和关系就会迎刃而解了。

（3）无彩色与有彩色的协调

黑色与白色是色彩中的极色，前者深沉、凝重，后者明亮、纯净，在室内色彩设计中得到了广泛的应用。在黑色与白色之间，是明度范围极宽的中灰色，它没有色相和彩度，与有彩色相间配置时，既能表现出差异，又不互相排斥，具有极大的随性。

黑、白、灰所组成的无彩色系与有彩色系极易调和。尤其是白色和各种明度的灰色，由于能够很好地起到过渡、中和等作用，所以广泛地用于设计中。

三、金、银色

金色为暖色，银色为冷色，它们具有一定的光泽。目前在装饰行业，使用金银粉来制金、银色，使其更加光亮。现代追求的新古典主义风格，经常使用华丽色，一般使用于雕花柱和雕花石膏线中，它给人一种高雅华贵、金碧辉煌之感。另外，它也是最宜与其他色调和的色彩。在高彩度难调和时，使用金、银色能起到补救、调和的作用。

第2节　室内色彩设计的基本原则

室内色彩设计是与室内空间形体、选材等建筑装饰设计同步进行的。一般情况下，室内色彩没有使用功能，主要起美化室内的目的，但它也受到功能的制约，为完善室内使用功能、精神功能服务。

一、功能制约性

室内色彩设计首先要满足室内的使用功能、精神功能的要求。由于色彩具有明显的生理效果和心理效果，能直接影响人们的生活、生产、工作和学习，因此，在设计室内色彩时，应首先考虑功能上的要求，并要在设计风格上力求统一。

在公共建筑中，办公楼、教学楼等是人们工作、学习的场所。为追求工作高效率，其室内色彩要求简洁、明快、平和，不要求色彩多变，应以淡绿、蓝或中性色调为主；幼儿园要反映出儿童天真、活泼的特点，色彩设计要丰富，活动室的色彩可多变，并可适当提高纯度；购物中心是以突出商品、吸引顾客为目的的，其界面设计色彩不宜太乱，以免喧宾夺主；餐厅、酒吧的色彩设计应以营造安静的气氛为主；医院的色彩要考虑患者的要求，色彩不能过浓，以淡为主。在居住建筑中，起居室是白天主要活动的场所，色彩设计要体现亲切、高雅、舒适等特点。色彩设计可适当活泼、丰富一些，但多数设计还应以中性色调为主或以淡暖、淡冷颜色为主，辅以局部高纯度色彩，使室内空间色彩较为丰富；卧室是休息的场所，色彩处理应着重强调安静感，可饰以低纯度的淡暖、淡冷色彩。

从上述可以看到室内色彩设计与室内功能设计结合后要考虑的一些问题。这些特点只是常规设计思路，对于建筑装饰设计师来说不要被约束限制，作为有个性的设计师要不断完善自我、挑战自我，创造有新意、有个性、时尚的室内色彩设计。所以，任何常规设计思路都不是一成不变的，要以发展的眼光看问题。举一个例子，正常的居住建筑中色彩要体现亲切、舒适的特点，并以中性色调为主或以淡暖等色调为主，但在有些设计师的作品中，反其道而设计，整个建筑装饰设计色彩非常丰富，色调纯而鲜艳（见文前彩图6-9），这样的色彩设计也很有新意，有时甚至领导某一时期的时尚潮流。

二、色彩设计应符合色彩规律

按色彩规律进行室内色彩设计，可以科学地处理好室内的色彩构图，统一与变化等关系。在基调统一的基础上，可用稳定与平衡、节奏与韵律、对比变化等手法去强调室内某一部分的色彩。通过色彩的重复、呼应、联系可以加强色彩的韵律感和丰富感，使室内色彩达到多样统一，统一中有变化，不单调、不杂乱，色彩之间有主有次，形成室内的一个完整和谐的整体。

（一）基调与辅调

室内色彩的基调是指室内界面、家具、陈设中，面积最大、感染力最强的色彩。辅调是指与主调相呼应的，起点缀、平衡色彩作用的小面积色彩。确定室内色彩的主基调是关系到色彩成败的关键。按色彩规律可将室内色彩的基调、辅调分三种形式来处理：首先是以色彩明度为基调，暗调为辅调；其次是以色彩纯度处理，以灰调为主，暗调为辅调；最后是以色相的冷暖处理，冷暖两色调互为基调或辅调。

色彩的主基调为室内的环境气氛定了主基调。一般说来，以暖色调为主基调的室内容易形成欢乐、愉快的气氛。辅调可以是冷色调，也可以是黑、白、金、银等中性色调，恰当的组合可以得到融洽、亲切以至富丽堂皇的室内气氛（见文前彩图6-10）。如果将暖红、白作为主基调，辅以点缀性的冷色调，或辅之以黑色调，也可以得到简洁、干净、明快的效果。

以冷色调为主基调的室内常给人一种安静、幽雅的气氛，但选用冷色调时要注意色彩明度不要过大，大面积使用时要注意和白、黑、灰、金、银色配合使用。如果设计得当，以冷色调为主的室内会取得空间加大、朴素、优雅的室内环境气氛（见文前彩图6-11）。

以灰色调为主基调的室内不常出现，但设计选用灰色调时常常会取得意想不到的效果。中国古代百姓的房屋选用灰色调。在江南灰色调与白色配合使用更能体现江南的人文及山水文化。现代建筑装饰设计选用灰色调为主基调，经常是配合材料有目的地去设计，并着重体现某些内涵的文化及设计意图（见文前彩图6-12）。

总之，室内色彩设计要有个性、有特点、有倾向，尤其是要与所选用的装饰材料的表面特征结合使用，这样才能更好地辅助建筑装饰设计乃至建筑设计这个大的主题。

（二）稳定与平衡

室内色彩的设计还要注意色彩的稳定性及平衡性。在室内的界面设计中，设计者要遵循上轻下重的色彩稳定性原则。一般情况下，顶棚、墙面、地面的色彩应该是由浅到深的变化规律，并且还要注意室内家具色彩对室内整体环境的影响，家具过多就不易选择深色调，特别要注意家具与室内地面的色彩搭配。但也有些设计为达到特殊目的违反色彩稳定性的原则，将一些感觉较重的色彩如黑色、灰色、蓝色用在顶棚及墙面上，如舞厅、咖啡店、酒吧等娱乐场所，其设计的主要目的是打乱色彩配合规律，刻意强调个性，追求一种特殊的环境气氛。

色彩的平衡性要求设计者在色彩设计中，要浅中有深、深中有浅，如大面积的浅色墙面上，可以饰以深色油画、浮雕等以取得视觉上的平衡。在色彩较丰富的界面上可适当考虑用一些补色色彩去平衡视觉上的感觉。

（三）节奏与韵律

室内的色彩设计要考虑到色彩的韵律性、节奏性，使色彩变化有规律性。例如，在走廊的设计中要考虑到门在视线中有节奏的出现，门的选材及门套处理时要注意与墙面的色彩搭配，使走廊在色彩变化上有节奏性、韵律感。

色彩设计的节奏与韵律变化还体现在多样色彩的选择上。在做石材地面设计时，很多情况下都选择地面拼图案的设计，设计者不但要考虑石材色彩明度的变化、冷暖的变化、纹理的变化，而且还要考虑几种石材搭配的韵律感、节奏感以及图案整体的大效果。

（四）统一与变化

室内色彩的总体气氛要遵循统一中有变化的原则。室内色彩只有统一而无变化就会产生单调和沉闷感；只有变化而无统一就会给人杂乱无章的感觉。为了取得既统一又有变化的效果，首先要对室内色彩的主基调进行设计，并辅以小面积的鲜艳色彩与之呼应，使室内空间色彩层次分明，彼此衬托形成有机整体。其次在有些个性化以及娱乐等空间中不排除使用大面积的色块对比手法，以取得新奇、另类、跳跃的效果。这种有背于色彩一般规律的设计，可以看成是设计多元性的产物，也是设计发展到一定阶段的必然。

在色彩统一与变化的设计中，还要注意室内家具的作用。有些设计者只注意界面的设计，而忽视家具的体量及色彩，这是决不可取的。尤其是在家庭装修中，室内家具所占比重非常大，有些甚至起主导地位，所以在考虑界面色彩的同时还要考虑家具的色彩以及款式，这样才能更好地运用色彩知识，做到统一中有变化。

三、色彩的从属性

在建筑装饰设计中，设计者首先要考虑的是如何在设计中满足人的使用功能，使空间合理利用，这也就决定了室内色彩的从属地位。一般情况下，室内色彩属精神功能的范畴，它主要是满足使用者的观赏需求，提高艺术品味，健康身心等。

色彩的从属性表现在设计中首先要进行空间合理利用设计，然后才是选材、确定色彩，进行陈设、绿化设计等。也就是说设计首先要考虑使用功能，在满足使用功能的前提下完善色彩设计，当然室内色彩设计也可以促进使用功能的完善。如在不同的室内空间中选用不同的色彩，可以使使用者一目了然地清楚自己所在的位置，也可使到访者很方便找到应该去的地方。

色彩的从属性还应表现在作为背景环境，应起到衬托环境中的人和物体的作用，色彩要采用低明度、低纯度为主的基调，以突出空间主体，当然特殊功能的空间例外。

四、色彩的民族、区域性

色彩有普遍性一面，也有民族性、区域性的另一面。在不同的民族及地域里，人们对色彩的理解、感情有所不同，因此，设计者要对设计作品的地域、风土等做深入了解，才能选择好色彩，创作出好的设计作品。

在古代中国，黄色、红色均为皇室的颜色，它象征着威严与神圣。现在中国人仍然视红色为喜庆、吉祥的象征。由于中国地域广阔、民族众多，每个民族都有本民族对色彩的喜好及偏爱，如朝鲜族能歌善舞，性格开朗，喜欢轻盈、文静、明快的色彩和纯白色。藏族由于身处白雪皑皑的自然环境和受到宗教活动的影响，多以浓重的颜色和对比色装点服饰和建筑。另外，在世界各地如北欧地区天气寒冷，他们多对木本色及暖色调偏爱，而荷兰人偏爱橙色、意大利人喜欢蓝色，更是为世人所熟知。在东南亚人们把金黄视为佛教色，而在有些国家或民族黄色是绝望的象征，可见不同民族对颜色的情感有天壤之别。

色彩的地域性也很重要。在南方，建筑色彩非常丰富，纯度相对高一些；在北方，色彩多偏暖，明度、纯度都较低。

总之，在装饰设计中，把握好各民族、地域对色彩的偏爱和情感，是完成建筑装饰设计作品的关键之一。

第3节　室内色彩设计方法

室内色彩的设计方法就是以室内色彩设计的基本原则为基础，运用色彩知识和综合实践能力完成具体的室内色彩设计方案。室内色彩设计应包含室内界面、家具、陈设、绿化等建筑装饰设计所涵盖的所有色彩内容。

一、色彩设计程序

室内色彩设计作为建筑装饰设计的一个组成部分，其设计贯穿于建筑装饰设计的构思及方案设计的全过程。

1. 确定色彩主基调

在方案构思阶段应该完成确定色调的工作。方案构思包括了对建筑平面、造型及空间现状的了解，确定建筑装饰设计的风格，完善室内功能的布局，大致选择材料的方案，确定室内气氛的主基调等等。

色彩主基调的确定要根据建筑装饰设计的风格及所要表达的室内空间气氛来决定。如中式餐厅，其风格决定了应该使用中国传统的色彩如红、黄、灰之一作为主基调，餐厅的性质决定了室内空间气氛应该亲切、热烈，这样主基调的气氛确定为以暖色调为主。

装饰材料的质地、尺度、表面光洁程度等等对色彩主基调的选择有一定的影响。表面粗糙的材料，如石材、原木、粗砖等用于室内装修，可使室内更自然且略显暖意。相反表面光滑的装饰材料如镜面石材、不锈钢、玻璃、瓷砖等，其表面光泽、有反射，使室内空间加大，但给人的感觉坚硬、冰冷。另外，材料的弹性、肌理等都会带给人色彩的倾向性。

照明的不同选择同样会给室内色彩主基调带来影响。这主要表现在不同光源光色对色彩的影响，其次是不同光照位置对所照射物影响不同。

2. 色彩选择的步骤

建筑装饰设计方案是通过室内效果图表达完成的，在完成正式图之前可在草图小样中进行色彩初步设计，选择比较理想的色彩小样在做效果图时予以采用。

（1）室内界面色彩设计

在色彩设计中，可以从各界面的色相开始，然后再确定各界面之间的明度关系。一般情况下，地面的明度最低，以取得室内稳定的效果；墙面次之，顶棚的明度最高，以取得明朗、开阔的效果，可以避免空间头重脚轻的问题。另外，各界面作为家具、陈设、人物的背景，应降低色彩纯度，以免过于醒目。

（2）室内家具色彩设计

家具色彩设计可以和界面同时进行或稍后进行。家具色彩应在色相、明度上与室内色彩相协调。选用木制家具要考虑和室内其他装修木做材质相同或相近，这样无论从纹理还是色彩上都比较相近，容易取得色彩的协调。在家具种类、尺度较多较大时，家具色彩不宜过深，以免整个空间色彩明度过低。

（3）室内陈设色彩设计

随着社会的发展和人们审美水平的提高，作为艺术欣赏对象的陈设品在室内所占的比重越来越大。室内陈设包括日用品、织物、绘画、雕塑、工艺品、绿化、灯具等，设计中不但要在线形、体量的选择上多下工夫，而且要在色彩设计上深入推敲，以达到丰富室内色彩的目的。

对于较大的室内陈设品如家具等在上面已单独介绍过。一些小的陈设品，常可起到画龙点睛的作用，在色彩设计中常作为重点色彩或点缀色彩。织物图案丰富、质感柔和，在室内色彩中起着举足轻重的作用，但要注意色彩不要过于抢眼，多数是作为背景色彩处理。绿色植物可以使室内充满生机，尤其适合在平整界面，浅色调或无彩系的室内空间摆放。

最后，要对室内色彩进行整体的修改完善，并将灯光照明对室内色彩的影响加以分析，最后确定效果。

二、具体部位色彩选择

室内色彩设计不同于美术作品的一点是建筑装饰设计作品最终是由装饰施工实现的，作品的好与坏都要通过实践的检验来完成。同样的色彩，选择不同的材质，其效果可能截然不同；同样的色彩，同样的材质在不同的灯光照射下，其效果也会有所不同。所以，设计者的实践经验非常重要，下面就一些室内色彩设计的经验加以介绍。

（一）地面色彩

地面色彩宜采用低明度、低纯度的颜色，它可以使室内有一种稳定感。另外，地面是室内最易被破坏和积尘的界面，深色有助于减少视觉上的污染。但是，室内地面色彩选择也不是一成不变的，应与室内空间的大小、地面材料的质感结合起来考虑。在宾馆、商场等大空间可用深色花岗石，用浅色石材时，可考虑再用一些深色石材与之配合使用，使室内地面色彩更加丰富，地面图案更有美感。

在小空间的卧室深色的地面会使人产生房间狭小的感觉，要注意提高整个空间的色彩明度，选择较浅的柔软的地面材料，如地毯、木地板等。在较小的室内地面做多种色彩地面组合时一定要慎重，选择不好会造成不必要的视觉混乱。

（二）顶棚色彩

顶棚色彩宜采用高明度的颜色，这是由于浅色调的顶棚可以给人带来轻盈、开阔没有压抑的感觉，另外，空间色彩的上轻下重符合人们的思维习惯。在现代建筑装饰设计中，白色作为顶棚首选色彩所占比重最大，它除具有浅色的特点外，还由于白色是中性色，与其他室内色彩容易协调，在选择有色灯光照射时，白色最能反映出效果。但这并不是顶棚色彩设计的全部。在现在的餐厅、酒吧、迪厅等娱乐、休闲空间，甚至有些办公空间内，多彩顶棚甚至黑顶棚出现的也很多。这些设计就是要打破惯性思维，用个性化的设计理念去为个性化的用户服务。从设计的效果看，成功的例子很多，为使用者创造了一种全新的感官体验，使设计更富多元化、个性化。

（三）墙面色彩

墙面与视线接触频繁，面积最大，是设计室内色彩整体性的关键。墙面色彩的选择很广，几乎所有色彩都可以使用，但在设计时要注意以下几个问题。

1. 选择室内墙面色彩时纯度不宜过大，这样会使室内色彩过艳，但在室内局部造型墙面例外。

2. 多数的设计选用淡雅、柔和的灰色调，也可以考虑洁白的高调，这样的色彩容易与其他界面以及陈设的色彩相协调。

3. 墙面色彩设计还要重点考虑家具的因素，因为家具的尺寸较大，且家具的摆放常以墙面作为背景，所以在配色时应着重考虑与家具色彩的协调与反衬。

4. 墙面色彩的选定，还要考虑到环境色调的影响。例如，北向的房间由于常年不见阳光，所以宜选用中性偏暖的色彩。

（四）家具色彩

利用色彩来使家具设计富于变化，利用色彩调整室内空间气氛，这是家具设计的基本方法之一。所以家具色彩的选择，应考虑家具的材质及整个室内的色彩环境。从家具设计本身来看，浅色调意味着典雅，灰色调意味着庄重，深色调意味着严肃，原木色调则给人一种自然之感。这些都为色彩选择提供了可借鉴的资料。当然，选择家具色彩时还应考虑使用者的年龄、职业、爱好等因素。另外，整个室内的环境色彩也左右着家具的色彩，在以浅色调为背景的室内可适当选用深灰色调的家具，但家具不宜过多、过杂，以浅色调为主基调，深色家具为辅色，色彩明度有对比，但整体色彩效果协调，反之亦然（见文前彩图6-13）。

（五）门、窗色彩

门的色彩的选择应结合墙面色彩综合考虑。通常情况下，门和墙面的色彩在明度上是对比关系，以突出门作为出入口的功能。作为门整体的一部分，门套的材料和色彩也应和门相协调，这样才能使门更主体、更生动，更具艺术性。

窗的材料如选用木材，其色彩处理方法可以用门作参考，当选用铝合金或塑钢窗时，窗框的色彩已经固定，实践中多在窗套设计上下工夫，窗套的材料、色彩选择可参考门套等其他构件材料的色彩而定。

（六）踢脚板色彩

踢脚板的色彩和选材有直接的关系。有墙裙的踢脚板选材和墙裙一致，没有墙裙的踢脚板常选择和地面材料一致的材质。如木墙裙的踢脚板也为木制，其色彩和墙裙保持一致。无墙裙的墙面及石材地面，其踢脚板可选用石材，其色彩可考虑石材地面的色彩，或与其协调。

以上室内具体部位的色彩选择是通常情况下的做法。随着时代的发展，设计师个性的发挥，室内环境需求的不同，人们对室内环境色彩的认识也会有所改变。这就要求设计师在掌握设计原则的基础上，灵活运用色彩知识，为创造更新、更美的室内空间环境而努力。

第4节　装饰工程典型实例中的色彩设计

作为室内色彩体现在建筑装饰设计的每一个角落，从宾馆大堂到小居室，每一处都有色彩的搭配，都包含着设计者独具匠心的设计。（文前彩图6-14）是一个办公的过渡空间，在这不算起眼的空间里设计者熟练地运用了色彩设计的基本原理，将室内色彩搭配的非常合理，使小小的空间充满了人情味，一改以往的交通空间冷冰冰的形象。

在室内色彩设计方面，设计者首先考虑的是确定主基调。在这个空间中设计者大胆运用了由黑、白、灰所组成的无彩色系，并以灰、白调为主基调。

在色彩协调方面，由于黑、白、灰所组成的无彩色系与有彩色系极易协调，尤其是白色以及各种明度的灰色。在它们与门窗木做的暖黄色协调中使整个空间色彩透出些暖意，这便是将无彩色系过渡、中和的充分表现。

该室内色彩设计还注意到了色彩的稳定性及平衡性。在界面设计中，设计者遵循了上轻下重的色彩稳定性原则。顶棚墙体界面选用了白色，地面选用了灰色使整个室内空间十分稳定，在这里地面色彩明度的选择十分得体，它既能使地面感到深沉，又给室内色彩明度的变化埋下了伏笔。

在室内色彩的总体气氛上遵循了统一中有变化的原则，这种变化主要来自于明度方面。首先，设计者将家具设计成黑色，并将一簇洁白的鲜花与之对比，不但加大了明度的级差，而且使室内空间色彩层次更加分明，使空间的立体感更加丰富，画面更加生动。

如文前彩图6-15所示为三室二厅住宅的客厅、餐厅、厨房的局部实景图。从该设计中看，室内色彩运用丰富、协调，为建筑装饰设计的总体效果起到了较好的烘托作用。

该室内色彩设计有以下几个特点：第一，符合色彩设计的基本规律，该室内的色彩选用暖色调为主基调，以适当的黑色、墨绿色色彩为辅调，这种恰当的色彩组合，再加上做工精良的木制家具，使整体室内风格更显温馨、雅致。第二，在色彩韵律、节奏上整体把握较好，使色彩变化有规律性。如室内以乳黄色为最浅色，所占面积也最大。随着色彩明度的逐渐加深，所占面积也越来越小，如家具、地面色彩重于墙面，但随着橱柜、椅子、陈设的色彩明度逐渐加深，界面的面积也越来越小，使整个室内色彩在韵律、节奏上处理恰到好处。第三，室内色彩的总体气氛同样遵循了统一中有变化的原则。如室内陈设中的绿化植物、圆雕的布置，使室内空间色彩层次分明，消除了室内的单调感和沉闷感。

如文前彩图6-16所示为某西餐厅的建筑装饰设计。在该西餐厅的室内色彩中，设计师充分考虑到餐饮业的特点。室内色彩运用多样、丰富，扩大了色彩明度及纯度的级差，使室内色彩层次更加突出，感染力更强。以突出餐厅浪漫、休闲、愉快的用餐环境。

在具体设计中，设计者首先大胆地运用了对比色的色彩关系选择了暗红、橙绿等颜色分别作为顶棚和墙面的主色调，使室内色彩丰富且均衡，符合室内色彩设计中的稳定与平衡原则。由于顶棚处于背光面，所以主色调之间的对比比想像中的要弱化一些。其次，设计者还选用了柠檬黄、群青等局部较鲜艳的色彩作为视觉色彩的补充，使室内色彩不仅丰富多样、个性鲜明，而且室内色彩并没有给人留下杂乱无章、视觉压抑的感觉，可见设计者对驾驭色彩的能力是非常强的。

总之，在以上的三个室内色彩设计实例中，设计者运用成熟的色彩设计手法，为我们展示了富有亲和力的空间组合。通过以上三个工程实例，希望每位同学们能够脚踏实地地做好每一个设计作品。室内无论大小，都是施展才华的空间，只有认真钻研、戒骄戒躁才能完成好一项建筑装饰设计。

复习思考题

1. 色彩的物理作用具体体现在哪些方面？
2. 常用色彩对人的心理效应有哪些？
3. 室内色彩设计的基本原则有哪些？
4. 建筑装饰设计应遵循哪些色彩规律？
5. 室内色彩设计的主要程序是什么？

第7章 室 内 照 明

第1节 概　述

室内照明是根据不同使用功能的空间所需要的照度，所需要创造的室内空间气氛，在尽可能节约用电的前提下，正确选用光源品种和灯具，确定合理的照明方式和布置方案，创造出良好的室内光环境。

一、照明的质量标准

照明的质量标准是创造安全、适用、美观、经济的光环境的重要依据。一般包括适宜的照度水平，适宜的照明均匀程度与照明重点，适宜的空间亮度分布，适宜的光漫反射程度与光照方向和适宜的光色与显色性。

（一）适宜的照度水平

适宜的照度水平与照度的大小、照度的均匀程度有关，同时应综合考虑视觉功能、舒适感、经济与节能等因素。照度过高会对人眼产生强烈的刺激而使人感到不适且浪费能源，照度偏低又会影响室内正常的工作与活动。因此，必须控制在一个适宜的水平上。

1. 照度标准

照度标准是室内光环境设计的重要依据之一。它根据室内使用功能、室内光照条件及室内工作性质而定。民用建筑照度标准参见表7-1的推荐值。

部分民用建筑照度推荐值　　　　　　　　　　　　　　　表7-1

序　号	房　间　名　称	照度推荐值（lx）
1	卫生间、盥洗间、楼梯间、走廊	5～15
2	起居室、餐室、厨房、病房、健身房、库房	15～30
3	卧室、一般客厅、电梯厅、空调机房	20～50
4	咖啡厅、舞厅、茶室、电影厅、检票厅、售票厅	50～100
5	展览厅、观众厅、会议厅、休息厅、邮电厅、理发厅、书店、服装店、诊室、教室、阅览室	75～150
6	设计室、绘图室、打字室、手术室、国际候车厅、百货商店、宴会厅	100～200

2. 照度的均匀度

室内的照度常常由于室外天然光线的入射口、入射角的位置、方向不同，室内灯具布置的位置和距工作面或照射物、照射区的高度不同，而使室内不同部位的照度值有较大的差异。因此，在满足照度标准的同时，还应具有一定的均匀程度。照度均匀度是以工作面或照射物、照射区的最低照度值与平均照度之比来表示的，一般室内空间的照度均匀度不应低于0.7。

（二）舒适的亮度比

亮度是发光表面在给定方向的单位投影面积的发光强度。

在室内，除工作对象外，作业区、顶棚、墙面、窗和灯具等都会进入人的眼帘。由于人的视野比较广阔，在视野所及的范围内，注视中心的对象或工作面的亮度，相邻环境的亮度及周围视野背景的亮度，如果相差太大，就会使视觉感受不适，降低视觉功能。因此，需要有适宜的亮度比。一般邻近环境的亮度不宜低于注视对象或工作面亮度的1/3；而视野所及背景的亮度也不宜低于工作面亮度的1/10。

（三）宜人的光色，良好的显色性

光源的颜色常用光源的色表和光源的显色性两个性质不同的概念来表述。光源的色表即人眼观看光源所发出的光的颜色，通常指灯光的表观颜色。光源的显色性即光源照射到物体上所显现出来的颜色。

光色决定于光源的色温。

光源的色温不同，相应地具有不同的环境气氛。低照度水平的白炽灯色温低，具有温馨、宁静、亲切的气氛；而高照度的荧光灯色温高，具有凉爽、活跃、振奋的感觉。人们对光色感觉舒适的程度还与照度水平有关。一般低色温高照度有闷热感；而高色温低照度又具有阴晦的气氛。表7-2是照度、色温与感觉的关系。表7-3是光源的光色与气氛的关系。

照度、色温与感觉的关系　　　　　　　　　　　　　表7-2

光源色的感觉	冷 色	中 间 色	暖 色
色温度（K）	5000	3300～5000	3300
照度（lx）			
≤500	冷 的	中间的	愉快的
500～1000	↑	↑	↑
1000～2000	中间的	愉快的	刺激的
2000～3000	↓	↓	↓
≥3000	愉快的	刺激的	不自然的

光源的光色与效果　　　　　　　　　　　　　　表7-3

色 温	光 色	气 氛 效 果	主 光 源
≥5000K	清凉（带蓝的白色）	冷的气氛	白昼光色荧光灯
3300～5000K	中间（白色）	爽快的气氛	白色荧光灯
≤3300K	温暖（带红的白色）	稳重的气氛	白炽灯

适宜的光色应根据室内的功能不同，所需创造的环境气氛不同而进行选择。为了调整冷暖感，可根据地区差别和不同场所选择与感觉相反的光源进行调整。

光源的显色性和物体颜色的选择是相互联系的。显色性直接影响显示空间物体的真实性。显色性一般由平均显色指数 R_a 值来评价。显色指数高的光源其显色性能较好，能真实地反应色彩的原有特性。主光源所反应的色彩效果见表7-4。

主光源与色的效果　　　　　　　　　　　　　　　　　　表7-4

光 源 的 特 征		色 的 效 果				
光源种类	R_a	红	橙	黄	绿	青
荧光灯　白色	63	不明朗	稍不明朗	强调	不变	稍强调
日光色	77	不明朗	稍不明朗	稍强调	不变	不变
高显色	92	不变	不变	不变	不变	不变
白炽灯	95以上	强调	强调	稍强调	带黄色	不明朗

（四）避免眩光干扰

当人们在视野中出现强烈的亮度比,直接或间接通过反射看到室外天空或照明光源,就会出现眩光。眩光使人们看不清观察对象,视觉产生不舒适,严重的会损害视力致残。眩光与光源位置、视线方向有关。在确定窗的位置、选择灯具和布置灯具时应避免眩光的干扰。

此外光的质量标准还应考虑照明的扩散性、方向性和稳定性。

照明的扩散性是指布置在光照范围内的任何部位的物体都受到不同方向的照射,即物体周围表面的照度相同。扩散性好的照明能减轻视觉疲劳,限制眩光,令人感到舒适。

照明的方向性是指光对被照物具有一定的投射方向。良好的投光方向能产生完美的阴影效果。

照明的稳定性是指照明频率的变化大小。不稳定的照明会使视力受到极大的影响。照明的稳定性主要取决于电压的稳定。

二、室内电光源

光源的类型可分为自然光和人工光源两大类。自然光主要是日光和天空漫射光;人工光源按其工作原理不同主要分为热辐射光源和放电光源两类。热辐射光源发出的光是电流通过钨丝,将灯丝加热到高温而产生的。属于热辐射光源的灯有白炽灯、卤钨灯等。放电光源是借助两极之间的媒质激发而发光的。放电光源根据放电媒质不同分为气体放电灯(如氙灯、氖灯等),金属蒸气灯(如汞灯、钠灯等),辉光放电灯(如霓虹灯),弧光放电灯(如荧光灯、汞灯、钠灯等)。其常用光源的性能与适用范围见表7-5。

照明光源的基本参数及使用场所　　　　　　　　　　表7-5

光源名称	功率（W）	寿命（h）	色温（K）	适用场所
白炽灯	15～500	1000～2000	2800左右	住宅、饭店、陈列室、应急照明
卤钨灯	70～2000	1000～2000	2800～3200	陈列室、商店、车站、大面积投光
低压汞灯（三基公荧光灯）	4～125	3000～5000	3000～6500	办公室、医院、商店、美术馆、饭店、公共场所
高压汞灯（荧光灯）	50～1000	6000	2900～6500	广场、街道、车站、建筑立面
高压钠灯	35～1000	3000～6000	1900～2400	广场、街道、车站、建筑立面

（一）白炽灯

白炽灯是利用高温钨丝的灯泡。它可用不同装潢的外包装制成。可采用玻璃、喷砂或用硅石粉涂在灯泡内壁，使光线柔和。也可采用色彩涂层，成为彩色灯泡。白炽灯的光源为点射光源，它创造的光和影是柔软的，能很好地表现出材料的质地。同时具有光源体积小、价格低、透光性好、色彩品种多的优点，具有定向、散射、漫射等多种形式。适合于需要休闲气氛的居室、卧室、客房和需要温暖、愉快气氛的餐厅等室内空间。图7-1是几种不同的白炽灯。

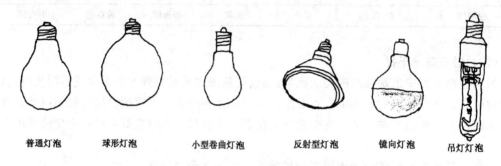

普通灯泡　　　球形灯泡　　　小型卷曲灯泡　　　反射型灯泡　　　镜向灯泡　　　吊灯灯泡

图 7-1　不同的白炽灯

普通灯泡有白色玻璃和透明玻璃两种。透明玻璃的灯泡能看见光源的钨丝，较晃眼，但它的闪闪发光能给人一种时尚感。

球形灯泡本身的形状是球形，作为照明灯或者不用罩作为顶棚灯能给人以柔软感。也分为白色玻璃和透明玻璃两种。

枝形吊灯灯泡是像蜡烛火焰一样的灯泡。古典式枝形吊灯常作装饰性灯具使用。有白色玻璃和透明玻璃两种。

小型卷曲灯泡是一种小型灯泡，闪闪发光，小巧玲珑。在枝形吊灯、吊灯架、托架灯、顶棚小聚光灯和台灯方面应用广泛。

反射型灯泡前面有镜片，聚光性能好。主要用于聚光照明。有聚光型和散光型两种。

镜向灯泡的内面是反射镜，能向背面反射光，其反射率高且不需要反射罩。有聚光型和反光型两种，常用于顶棚的聚光灯。

卤素灯泡是一种显色性能很好的灯泡。可用于枝形吊灯、吊灯架、托架灯、聚光灯、顶棚小聚光灯和台灯等小型照明灯具。

（二）荧光灯

荧光灯是一种低压水银放电灯。灯管内是荧光粉涂层，它是把紫外线转变为可见光的光源，并有冷白色和暖白色之分。彩色荧光灯是由管内荧光粉控制的。荧光灯能产生均匀的散射光。发光效率是白炽灯的4倍，使用寿命是白炽灯的10~15倍。因此，荧光灯不仅能节约用电，而且能节省更换费用。

荧光灯中的日光灯是色温特别高的光源。它的光色开始时带有黄色和红色，然后逐渐变成在天空中见到的白色光，给人凉爽的感觉。荧光灯的光源由于是线光源和面光源形成的扩散性光，在荧光灯下很难形成阴影，给人以平淡的感觉。荧光灯下的物体立体感差，能给室内空间创造凉爽的环境。适合于用眼睛作业的教室、办公室、阅览室等空间。冷色系列的荧光灯适合夏季光源。

荧光灯根据光色不同分为日光色、白色、温白色。为了使被照物的颜色更悦目，还有一些带有红色、绿色、青色的荧光灯，以提高物体的天然色。

荧光灯按形状不同分为直管形灯、环状形灯、"U"形灯和灯泡形等。图7-2所示是不同形状的荧光灯。

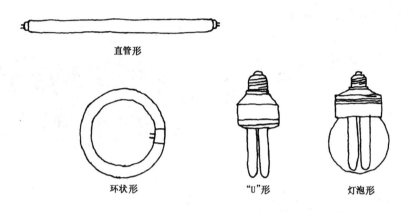

直管形

环状形   "U"形   灯泡形

图 7-2 不同形状的荧光灯

直管形荧光灯使用最为广泛，常用于学习与工作空间。环形荧光灯常用于走廊、门厅、楼梯口等过渡空间的顶棚小聚光灯。"U"形荧光灯是将荧光灯管做成"U"形，以减小灯管的长度，便于安装在灯罩内。主要用于枝形吊灯、顶棚小聚光灯、台灯及壁灯上。灯泡形荧光灯具有白炽球灯的形状，在球形容器里安装荧光管，其显色性具有荧光灯的光色，且效率高，省电。

（三）高压汞灯

高压汞灯又称高压水银灯、高压放电灯。灯的内部充满汞蒸气、高压钠或各种蒸气的混合气体。它们能用化学混合物或在管内涂荧光粉涂层调整灯的颜色。高压汞灯的光色为淡蓝绿色，高压钠灯带黄色，多蒸气混合灯冷时带绿色，缺乏红色成分，与日光的差别较大。高压汞灯的使用寿命较长。使用时会产生很大的光量和较小的热量。常用于广场、车站、街道及建筑立面的光彩工程。

此外，还有其他许多不同的光源，都具有不同的光色和显色性，对室内的气氛和物体的色彩产生不同的效果和影响。在设计时应按不同的功能和气氛进行选择。

三、照明灯具

灯具是由照明光源和灯罩及其附件所组成。灯具的类型可分为功能性灯具和装饰性灯具两大类。此外，还有特殊用途的灯具。功能性灯具主要是供工作和学习之用，即为室内空间提供照度的灯具。装饰性灯具是为增加室内气氛、创造室内意境、强化视觉中心而设置的灯具。特殊用途的灯具包括应急灯、提示照明标志灯等。

（一）灯具的类型

1. 吸顶灯

吸顶灯是直接安装在顶棚上的灯具，能使空间得到广阔的平面配光。常用于需要均匀照明的起居室、卧室、走廊、楼梯间等空间。但吸顶灯常使空间四角的亮度较差，需考虑与其他照明灯具并用。图7-3是几种不同的吸顶灯，其中（a）的外罩是丙烯酸，乳白色，内装荧光灯，常在起居室、餐厅作整体照明用。（b）是使用玻璃管与结晶玻璃为框架的豪华式吸顶灯，用于客厅、接待室能增加室内的豪华气氛。（c）是用贝壳制作的外罩，内装普通灯泡或环形灯，适用于卧室的普通照明。（d）是带有玻璃罩的防水、防潮的吸顶灯，常用于洗脸间、卫生间等有水污染的房间。

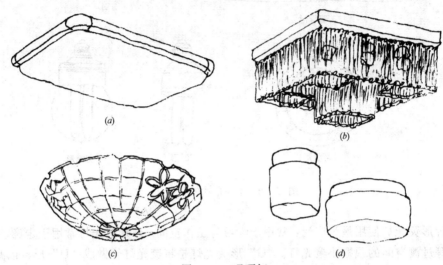

图 7-3　吸顶灯

2. 吊灯

从顶棚吊下的灯具。根据悬吊灯具的材料不同，有软线吊灯和管子吊灯之分；根据所配光源数量的不同分为普通吊灯和枝形吊灯，如图7-4所示。

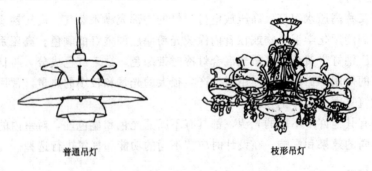

普通吊灯　　　　　　　　　枝形吊灯

图 7-4　吊灯

普通吊灯通常只有一个灯头，产生一种向心的效果。一般设于餐桌的上方或起居室的中心。

枝形吊灯是一种多头光源的装饰性灯具，能表现豪华的气氛。一般安装在客厅门厅、餐厅里。因灯多，尺寸大，重量也大。选择灯具时应注意顶棚高度与灯具高度之间的关系，并对安装顶棚需有加固措施。

3. 托架灯

托架灯又称壁灯。安装在墙上或柱子上。悬臂梁式的部分称为托架。室内的托架灯主要是加强照明、辅助照明及局部照明，使空间产生明与暗、光与影的效果。

4．聚光灯

聚光灯又称投光灯、射灯。一般安装在墙面或顶棚上，主要用来照射壁柱、绘画、装饰品等。光线具有明显的方向性，并能改变光线的角度，用于室内能给人以明暗对比强烈的效果。聚光灯的形式如图7-5所示。

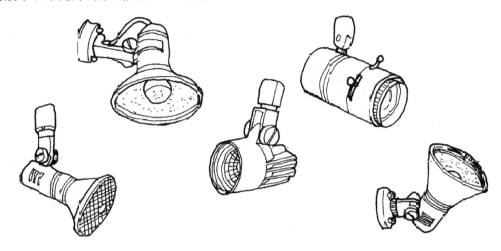

图 7-5　各种形式的聚光灯

5．台灯

台灯可分为地面台灯和桌面台灯。地面台灯又称落地灯。桌面台灯一般安装在工作台、学习桌或墙面上。有的台灯还可以通过万向转筒随意改变光源的位置和光线的投射角度。一般作为室内局部照明的灯具。

6．顶棚埋设聚光灯

顶棚埋设聚光灯又称嵌入式筒灯。这种小型的灯具埋入顶棚，将洁净的顶棚点缀得星光灿烂。由于灯具规格小，其照度较低，常用于起居室、卧室、舞厅休息座等照度要求不高的部位，并只能作辅助照明。图7-6所示是几种不同的顶棚埋设聚光灯。

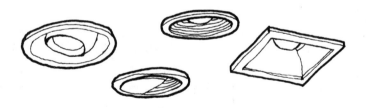

图 7-6　顶棚埋设聚光灯

7．专用灯具

专用灯具是满足特殊功能要求，创造特殊空间效果所用的灯具。包括水下照明灯、霓虹灯、舞台灯、舞厅灯、艺术欣赏灯、混光灯与手术灯等。

（二）灯具的布置

灯具的布置是指灯具在室内的安装位置和排列方式。包括平面位置和剖面位置。灯具的空间位置对室内的照明质量有极大的影响。它直接影响光的投射方向、工作面的照度、照度的均匀度、视野内各表面亮度的分布以及室内的阴影变化等。

1. 灯具的平面布置

灯具的平面布置方式主要分为均匀布置、选择布置和图案布置三种方式，如图7-7所示。

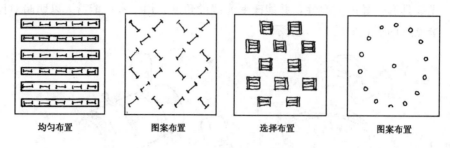

| 均匀布置 | 图案布置 | 选择布置 | 图案布置 |

图 7-7 灯具的平面布置

均匀布置是指灯具的间距与行距均保持一定，使室内照度分布均匀。选择布置是根据室内需要保证按最有利的方向分配照度及消除阴影等原则确定灯具的位置。图案布置是在满足室内各部位照度的前提下，按照一定的构图原则使灯具布置形成一定的图案，以提高室内的装饰效果。灯具的间距与灯具的悬挂高度有关，一般可参见表7-6的规定。

照明灯具最有利的相对位置（s/h）　　　　　　　　　　　　　　　　表7-6

照 明 灯 具	相对位置（s/h）		宜用单行布置的 房间宽度
	多行布置	单行布置	
乳白玻璃球灯、散照型防水防尘灯、顶棚灯	2.3～3.2	1.9～2.5	1.3h
无漫反射罩的灯具	1.8～2.5	1.8～2.0	1.2h
搪瓷深照型灯具	1.6～1.8	1.5～1.8	1.0h
镜面深照型灯具	1.2～1.4	1.2～1.4	0.75h
有反射罩的荧光灯	1.4～1.5	—	—
带格栅有反射罩的荧光灯	1.2～1.4	—	—

注：表中 s 表示灯的间距，h 表示灯的悬挂高度。

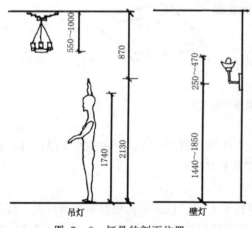

图 7-8 灯具的剖面位置

在布置灯具时，还应注意灯与墙的距离，当靠墙处有工作面时，靠墙的灯具距墙面的距离不大于750mm。如靠墙没有工作面时，灯具距墙的距离一般为灯具间距的1/2。当照度的要求较高时，荧光灯常布置成连续的行或在一长行中有几个连续的段。荧光灯端部距墙最好在150～300mm 之内。

2. 灯具的剖面位置

灯具的剖面位置即灯的悬挂高度。灯的悬挂高度如图7-8所示。为使整个空间有较大的亮度分布，照明灯具的布置除选择合理的相对距离外，还应注意灯与顶棚的距离。当采用均匀漫射配光照明时，灯距顶棚的距离与顶棚距工作面的距离之比一般在0.20～0.25

的范围内。

照明灯具布置要注意限制直接眩光和避免反射眩光。除选择有保护角的灯具外，其悬挂高度不应小于表7-7的要求。

照明灯具最低悬挂高度（距地面） 表7-7

光源种类	照明灯具的形式	光源功率（W）	最低悬挂高度（m）
白炽灯	有反射罩	60及以下 100～150 200～300 500及以上	2.0 2.5 3.5 4.0
	有乳白玻璃漫反射罩	100及以下 150～200 300～500	2.0 2.5 3.0
荧光高压汞灯	带反射罩	125及以下 250 1000及以上	3.5 5.0 6.0
卤钨灯	带反射罩	500及以下 1000～2000	6.0 7.0
荧光灯	无罩	40以下 40以上	2.0 3.0
	带反射罩	40及以上	2.0

（三）灯具的选择

灯具的品种繁多，造型各异，价格变化大，在选择灯具时一般可按下列要求进行：

1. 灯具的选型应符合室内空间的体量与形状

大空间宜选择大型、新颖、豪华的灯具，以增强室内的豪华气氛与空间层次；小空间宜选择小型、灵巧、简洁的灯具，使空间显得宽敞，不拥挤。灯具的形状应与空间的形状统一协调。

2. 灯具的选型应符合室内空间的用途和性格

大型宴会厅、多功能厅、共享空间等可选用华丽的水晶吊灯，教室、阅览室等空间宜选择造型简洁的荧光灯。只有使灯具与空间的性质一致，才能体现照明设计的表现力。

3. 灯具的选型应体现民族风格和地区特点

灯具造型应与室内格调相协调。一般中餐厅常选择八角扁形挂灯，在咖啡厅中选择蜡烛式的灯具等，都能很好地体现民族和地方特点。

4. 灯具的选型应有助于提高室内设计的艺术感染力。

第2节 照明设计基本原则及分类、方式

一、照明设计的基本原则

室内装饰照明设计一般包括确定照明方式、照明种类，正确选择照度值；选择光源和灯具类型，进行合理地布置；计算照度值，确定光源的安装功率；选择或设计灯光控制器

等内容。因此，在进行照明设计的过程中必须遵循以下原则：

（一）技术先进，安全适用

技术先进是指选择的光源在额定电压和额定电流下工作具有最好的效果；在额定电流下所消耗的额定功率少；光源在工作时发出的光通量高；使用寿命长，光色好等。

照明的安全性主要是指装饰照明设施的安全、维护和检修的方便，运行安全可靠，防止火灾和电气事故的发生。

照明的适用性主要是满足不同功能空间的使用要求。一般对于居住、娱乐、社交活动的空间的适用性表现在艺术效果和照明的舒适感方面；对于工作和学习空间的适用性表现在提高可见度和有利于节能；商业空间的适用性表现在展示商品和吸引顾客；在博物馆、美术馆等展览性空间照明的适用性表现在充分展示美术品、艺术品等展品的立体感与真实性，避免展品长期受强烈的光辐射影响，同时通过局部加强灯光、彩色灯光来达到加强照明的艺术效果，宣传展品和美化环境。

（二）经济合理，节约能源

照明的经济性是指在确定照明光源、照明灯具、照明设备时应根据实际要求以最小的投入获得最好的照明效果。在照明设计中采用相应的措施提高照明节能水平。照明节能一般可采用以下措施：

（1）在选择照明光源、照明灯具、照明设备时应考虑一次性投资与使用过程中的维修费和营运费最省。

（2）在选择照明方式时，如房间布置已经确定，应尽量采用局部一般照明；在需要高照度或有改变光色要求的场所，应尽量采用两种以上光源组成的混合照明。在照明要求高的空间可利用大功率高效光源做成反射配光灯具以提高室内照度。

（3）每个照明开关控制灯具的数量不宜过多，以便于管理和节能。并尽可能采用调光器、定时开关、节能开关等控制照明。

（4）采用浅色、光洁的界面材料，提高墙面、地面、顶棚面的反射率，以利节能。

（三）美观大方，增强艺术感染力

光源类型、照明方式、光色及照明控制器的选择，灯具的布置，应注重室内空间的装饰及环境美化的作用。通过照明设计丰富空间层次，充分展示被照物的形式美与材质美；充分利用光色与空间色彩的搭配烘托室内气氛，美化空间环境；充分利用光影的变化，创造特有的室内意境以增加空间的艺术感染力。

二、室内照明的分类

（一）按照明的功能分类

1. 正常照明

在正常工作、学习与活动过程中的照明只需满足不同功能房间的照度要求。

2. 应急照明

应急照明又称事故照明，是指在正常照明系统因故障断电的情况下，供人员疏散、保障安全或继续工作的照明。

（1）应急照明的类型

应急照明一般分为疏散照明、安全照明和备用照明。

疏散照明是在室内正常照明由于事故而停止供电时，为组织人流快速、安全地疏散，为人们容易而准确无误地找到出入口、楼梯口所设置的照明。一般在疏散通道、疏散楼梯口、防烟楼梯前室、消防电梯及其前室等明显部位及安全出入口处，都应设置信号标志灯以利疏散。在高层建筑及旅馆、礼堂、影剧院、展览厅、百货商场、体育馆等人员密集的公共空间中应设置疏散照明。在浴室、蒸汽浴室、存衣室、洗衣机房、修理间以及虽工作照明中断而生产设备仍需继续工作，并可能导致工伤的房间，都应设置疏散照明。疏散照明设置的信号标志灯一般采用蓄电池供电，以保证在一定时间内能满足疏散。

安全照明是在正常工作时照明突然中断，为确保处于潜在危险中的人员的安全而设置的照明。

备用照明是指当正常工作照明中断时，为继续工作或暂时进行正常活动而设置的照明。备用照明常设于配电房、消防控制室、应急发电机房、消防水泵房、医院手术室、警卫室、通讯枢纽、供热站或锅炉房、现金出纳台、大型商场柜台区、超级市场营业厅、旅馆门厅、饭店营业厅以及中断电源会造成人身伤亡，在政治上、经济上造成重大损失的场所。备用照明一般设有双线路供电的长明电源。

（2）应急照明常用灯具与标志

应急灯具常采用蓄电池作为备用电源。疏散口及室内通道的标志灯应指明疏散口的方向，提供疏散所必需的照度。走廊通道的疏散灯应指明疏散的方向，并提供疏散所必需的照度。

疏散口的指示灯一般底色为象征安全的绿色，方向指示箭头与图案常为白色。室内通道及走廊通道指示灯的底色常为白色，方向指示箭头与图案常为绿色。应急指示灯的形式如图7-9所示。

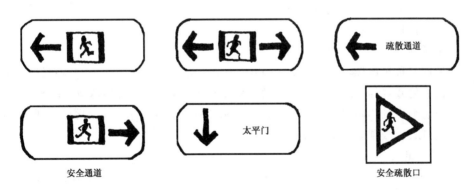

图 7-9 应急指示灯的形式

疏散口的应急指示灯应设置在防火对象或疏散口的上部。通道指示灯一般设置在防火对象或走廊、楼梯及其他疏散设置的通道处，其位置一般距地面高度在1m以下。应急指示灯除在楼梯口、坡道处需设置外，每层楼梯通道的转弯处、长走廊每间隔10m的位置都应设置，以保证疏散过程中有足够的照度。

安全照明和备用照明应根据室内空间的使用性质以及空间面积的大小而设置。一般采用白炽灯或小型聚光灯。

3. 装饰照明

无论是公共空间或是居住空间的照明，都应利用光的特征创造艺术照明，使其形成良好的室内光环境。装饰照明包括室内艺术气氛的创造，增强空间感和光影艺术。

室内艺术气氛的创造是通过光的亮度和光色的变化而形成的。光的强弱刺激能影响人的情绪。极度的强光和噪声一样都是对环境的破坏，而较弱的光线和布置较低的灯具可创造较暗的阴影，使室内空间显得更亲切。暖色光能使整个空间具有温暖、欢乐、活跃的气氛，能使人的面容、皮肤显得健康、美丽和容光焕发；冷色光在夏季能创造凉爽的空间气氛。强烈的多彩照明可增加繁华热闹的气氛。用稀疏的烛光类照明能创造温馨甜蜜而浪漫的气氛与情调。

室内空间的不同效果，可以通过光的作用充分展现。亮的房间显得宽敞，暗的房间显得窄小，充满漫射光的空间具有无限感，而直接光能增加室内的阴影和光影对比，从而增加空间的立体感。

光和影本身就具有一定的艺术魅力，通过不同的灯具、不同的光色、不同的明暗和不同的排列组合来丰富室内空间，使其具有艺术感染力。

（二）按灯具的散光方式分类

室内的光源如不加任何处理，就不能充分发挥光源的效能，也不能满足室内照明环境的需要。光源的直射、反射、漫射和透射在室内照明中具有不同的作用。因此，利用不同材料的光学性能，利用材料的透明、不透明、半透明以及不同质地的表面制成的灯具，能重新分配照度和亮度，能改变光的投射方向，从而满足室内照明的不同需要。按散光方式不同照明的类型一般可以分为以下几类：

1. 漫射照明

漫射照明又称整体扩散照明。如图 7-10 中的（a）所示，通过扩散光的形式，保证整个室内照明。漫射照明对室内所有方向的投光比例都相等，可采用无灯罩或用塑料、玻璃等透光材料制作灯罩的灯具。

2. 直接照明

直接照明又称定向照明。如图 7-10 中的（b）所示，以 90%～100% 的直接光来照射需要照明的部位或物体，由于不照射顶棚，没有顶棚的反射光，容易取得光线稳定的效果，并且室内没有强烈的明暗对比能产生阴影，创造生动的光影变化。这种类型的照明常采用铝制灯罩的灯具、吸顶灯或嵌入顶棚内的灯具。

3. 半直接照明

如图 7-10 中的（c）所示，以下部 60%～90%，上部 10%～40% 的投光比例所形成的照明。半直接照明使室内稍趋明亮，容易取得柔软的感觉。一般常用纺织品、玻璃等材料制成吊灯的灯罩。

4. 间接照明

如图 7-10 中的（d）所示，将 90%～100% 的光投射到顶棚、穹窿或墙面上，再反射到室内而形成的一种照明。这种照明使光线柔和，并造成空间增高的效果。一般常用不透明的灯罩安装于光源的下方或将光源设于暗灯槽内。

5. 半间接照明

如图 7-10 中的（e）所示，以上部 10%～40%，下部 10%～40% 的投光比例所形成的照明。这种照明有 60% 以上的光线射向顶棚或墙面，再反射到室内，使室内产生模糊不清的影子，给人以舒适的感觉。一般采用透明的灯罩安装在光源的下方，将小部分光线直接向下扩散，以创造良好的学习环境。

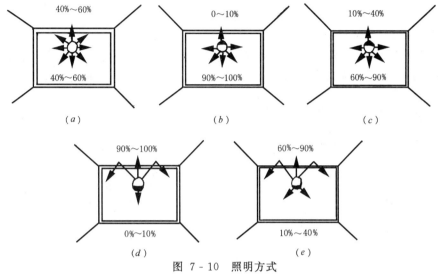

图 7-10 照明方式

(a) 漫射照明；(b) 直接照明；(c) 半直接照明；(d) 间接照明；(e) 半间接照明

（三）按灯具的布置方式分类

照明方式是对照明灯具或光源进行布置的方式。不同的照明方式可满足不同的工作、学习和活动的需要，取得不同的照明效果，不同程度地提高和改善视觉功能。

1. 一般照明

不考虑特殊的局部照明，为照亮整个被照空间而设置的照明。一般照明适用于对光的投射方向没有特殊要求，以及工作点很密或工作点不固定的场所。一般照明的特点是一次性投资费用较少，照度均匀，但耗电量大。

2. 局部照明

不考虑周围环境而只对面积较小、区域限定的局部进行照明的方式。局部照明的照度要保证满足非常精细的视觉工作的需要。在室内需要强化或突出，引起人们注意的视觉中心都需要采用局部照明。局部照明使室内的亮度比加大，容易引起紧张和损坏眼睛，但有利于节约电能。

3. 混合照明

为了改善一般照明和局部照明的不足，由一般照明和局部照明组合而形成的一种照明方式。混合照明将90％～95％的光用于工作面，将5％～10％的光用于环境照明，既能满足功能要求，又能节约电能。常用于空间照明要求高，有一定投光方向要求及工作面较分散的空间。

三、建筑化照明的方式

建筑化照明实质上是指室内空间照明。它不是单纯指某一种照明灯具的某一种照明方式，而是指室内空间内部设计组合而成的一种照明工程。它是综合了不同的照明灯具、照明方式、照明类型和照明艺术而形成的一种照明系统。在进行室内照明设计时，除考虑室内的照度、亮度比和眩光的控制外，还应考虑光源的布置与建筑结构的相互关系，以及室内空间的整体装饰效果。这不但有利于充分利用结构顶棚和装饰顶棚之间的空间，隐藏照明管线和设备，布置与安装灯具，而且能使建筑化照明成为整个建筑装饰设计的有机组成部分。建筑化照明系统一般包括以下几类：

1. 发光顶棚与发光墙面

发光顶棚是在整个顶棚上安装塑料罩、玻璃罩或格片，然后在内中安装荧光灯的照明系统，如图7-11（a）所示。这种照明顶棚亮度高，光线柔和，照度分布均匀，常用于厨

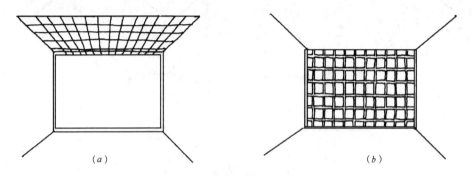

（a）　　　　　　　　　　　　　　（b）

图 7-11　发光顶棚与发光墙面

（a）发光顶棚；（b）发光墙面

房、浴室或其他工作区。发光顶棚常使空间处于静态，使人容易产生压抑感与疲劳感。同时应注意内藏灯具的散热处理。

发光墙面是在整个墙面上安装玻璃块或彩色玻璃砖，内装荧光灯而形成的，如图7-11（b）所示。发光墙面侧向来光，常在舞台、舞厅等空间作为背景照明，能产生很好的艺术照明效果。图7-12是不同形式的发光顶棚。

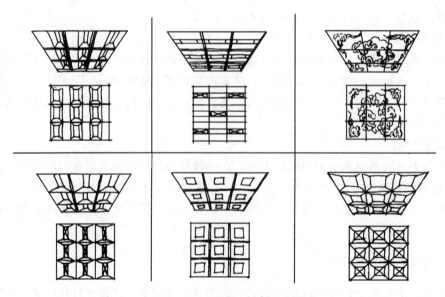

图 7-12　不同形式的发光顶棚

160

2. 光檐照明

光檐照明常称为暗灯槽照明，是在室内空间的上部，沿顶棚与墙面的交界处设置檐边，在檐内安装光源，光线从檐口内射向顶棚，并经顶棚将光源反射到室内而形成的一种照明。图7-13是几种不同的光檐照明形式。

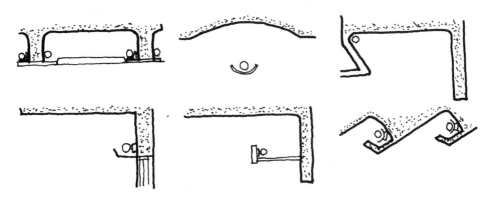

图 7 - 13 光檐照明

这是一种常用的艺术照明方法，能充分表现室内的空间感和体积感，获得照明、装饰的良好效果。光檐照明顶棚明亮，光线柔和，常采用冷色调的荧光灯具，避免墙面及壁画、挂画的变色。为保证室内亮度分布均匀，光源距顶棚的高度不宜太近，并且光檐必须能够遮挡住光源的直射光。这种照明适用于客厅、餐厅、会议室等有一定艺术要求的场所。

3. 光带与光盒照明

嵌装于顶棚内的散光面积较大的照明系统称为光盒。当光盒布置成长条形时称为光带，如图7-14所示。光盒与光带能充分体现室内空间的长度感和宽度感。

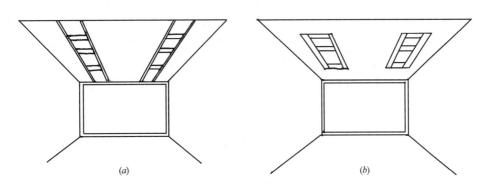

图 7 - 14 光带与光盒
(a) 光带；(b) 光盒

光盒与光带可以采用成品嵌装式照明灯具，如高效荧光灯盘。也可在现场加工制作安装。光盒与光带的发光面可以与顶棚面齐平，也可以凸出顶棚面或凹入顶棚面。如采用漫射材料做散光面时，凸出顶棚面的发光面能使顶棚有较大的亮度。光盒与光带在照明扩散度与均匀度方面仅次于发光顶棚，而光线的方向性却优于发光顶棚。光盒一般在室内均匀地布置排列，光带可沿室内横向和纵向排列。常用于百货商店、办公室、会议室等室内空间，有利于提高室内照度。

4. 空间枝形网状照明

空间枝形网状照明系统是用一定数量的光源与金属管网架构成各种形状的灯具网络，其中金属网架为骨架，光源为节点形成一种光照活泼的空间环境。既有华丽的装饰效果，又能体现高科技的现代特征，如图7-15所示。

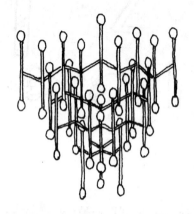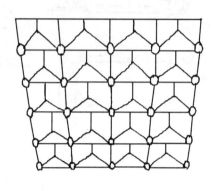

图 7-15　空间枝形网状照明

枝形网状照明可根据室内空间平面形状不同，功能要求不同在顶棚上组成各种不同的图案以丰富室内景观。枝形网状照明常用于体育馆、展览馆等大型厅堂和舞厅、商场等空间。

5. 点光源

点光源是将各种光源灯具按室内功能要求及装饰要求布置在顶棚或墙面上的一种照明系统。各种点光源包括吊灯、壁灯及嵌入式聚光灯等。吊灯和壁灯品种繁多，造型优美。在公共空间采用各种枝形花吊灯或水晶形吊灯可以营造豪华热烈的气氛。壁灯安装在墙面或柱面上，常与其他灯具配合使用，既有局部照明的实用价值，又有很强的装饰性。嵌入式聚光灯是按照一定的排列组合嵌入顶棚内，与室内的吊灯共同组成一定的图案以达到室内所要求的装饰效果。

第3节　照明的设计程序

照明设计程序是照明设计的工作步骤。按照一定的工作程序进行设计有利于提高设计质量，减少设计中的错误，有利于协调各工种之间的关系，有利于施工的组织。照明设计的程序一般包括收集照明设计的基础资料，确定照明设计方案，灯具设备的选型，照明设计计算，编制照明设计文件等。

一、收集照明设计的基础资料

在进行照明设计之前，必须收集与照明设计有关的基础资料，弄清设计的范围及要求。照明设计基础资料包括以下内容：

1．设计委托书

设计委托书是设计的主要依据。根据设计委托书了解设计的内容、工程的范围与性质、资金的来源与投资额、业主的意图与设想等。

2．原有建筑施工图

由于照明设计是在建筑设计的基础上进行的，特别是二次装饰设计必须在原有的基础上进行，因此原有建筑施工图是照明设计的必备资料，包括原有建筑的建筑、结构、水暖、电气施工图。根据建筑的平面、立面和剖面图了解原建筑的方位与相邻建筑的关系，室内的功能分区及平面布局，有关建筑层高、墙厚、板厚等细部构造。通过结构图了解建筑结构布置，柱、主次梁等结构构件的位置及尺寸等。根据原电气图了解原电气线路的供电方式，引入线的位置、走向，总负荷，配电箱的设置等，以便在此基础上重新考虑用电负荷、线路走向、线路敷设及穿墙、穿板等问题。

3．建筑装饰施工图

包括建筑装饰工程的平面布置图、顶棚平面图、立面图、剖面图及有关照明的要求等，以便确定照明的方式，选择光源和灯具的类型并进行灯具的布置。

4．照明设计的有关规范、规程和标准

根据照明设计的有关规范、规程和标准以保证照明的质量要求，包括眩光的控制、光源的显色性和光色要求、合理的亮度分布等；使供电安全可靠，维护检修安全方便；照明装置与室内环境统一协调；采用先进技术和有效的节能措施，提出经济合理的照明设计方案。

二、确定照明设计方案

根据所收集的有关资料和设计任务书，进行初步照明设计和方案比较，确定照明设计方案，编制初步设计文件。其工作内容主要包括：

1．确定照明类型、照明方式

根据室内功能要求首先确定在正常照明的情况下是否需要应急照明或装饰照明。需要装饰照明的，需要确定装饰照明的处理方式，是以吊灯、壁灯等灯具的造型进行艺术装饰还是以灯具的排列组合形成不同的图案进行艺术装饰。

2．选择光源及灯具

在确定了照明类型和照明方式的基础上选择光源与灯具并进行灯具的平面布置，使其满足照明质量及照明装饰的要求。

3．进行照度计算，确定光源的安装功率。

4．初步考虑照明供电系统和线路，以及灯具的安装方法。

5．编制初步设计文件。包括绘制平面布置图，统计主要的材料设备表，以及必要的费用估算。

在此基础上进行方案比较、修改与调整，最后确定照明设计方案。

三、编制照明设计文件、绘制照明设计施工图

编制照明设计文件、绘制照明设计施工图是照明设计的核心内容，也是照明设计的最后环节，是在确定照明设计方案的基础上完成以下内容：

1．选择供电电压及电源

根据方案设计中确定的光源数量及功率，计算照明的供电总负荷。

2．选择照明配电网络的形式，确定照明供电系统和照明支线的负荷以及走线的途径。

3．选择照明线路的导线型号和截面大小，确定敷设方式，选择和布置照明配电箱、开关、插座、熔断器及其他用电设备。

4．绘制电气照明设计的正式施工图，列出电气照明设备和主要材料表，进行必要的照明设计预算。电气照明设计施工图包括以下内容：

（1）设计说明及设备材料汇总表

设计说明是用文字的形式表示图纸上无法表达或表达不清楚、不完善的设计要求。一般包括专用的图例符号、电源来路、线路材料、敷设方式、安装要求及施工注意事项等。图7-16是照明电气施工图（一），说明了电气施工的基本要求。

电施说明

1. 各层电源由设在底层配电室的总配电柜引至分层配电箱。总配电柜的负荷及系统由甲方协调解决。
2. 舞厅普通照明用由15M-1配电箱引入，舞厅专用照明用电由5M-3配电箱引入。
3. 配电线路采用BV型铜芯塑料电线穿硬质PVC阻燃管沿墙地面或顶棚内暗敷设。
4. 分层照明配电箱及电源插座箱为铁壳嵌墙式按系统图由生产厂家定制或市购配电箱及电源插座箱一律地距地1.5m。
5. 翘板开关距地1.3m，暗插座距地0.3m。

36	硬质塑料阻燃管	VG20	m
35	硬质塑料阻燃管	VG25	m
34	硬质塑料阻燃管	VG32	m
33	硬质塑料阻燃管	VG40	m
32	铜芯塑料电线	BV-2.5	100m
31	铜芯塑料电线	BV-4	100m
30	铜芯塑料电线	BV-6	100m
29	铜芯塑料电线	BV-16	100m
28	铜芯塑料电线	BV-25	100m
27	铜芯塑料电线	BV-50	100m
	管线材料		
26	玻管高压霓虹灯管	φ12配变压器	m	40
25	彩灯头	15W	只	56
24	舞台射灯	PR-64 300W	只	12
23	紫光灯		只	2

22	大雨灯	PR-130带泡 30W	只	240
21	小频闪	PR-358	只	42
20	八位边界灯	PR-838-8L	只	6
19	太空魔球	PR-1206	只	1
18	超强力频闪灯	PR-1288	只	4
17	电脑灯主控台	PR-2308	台	1
16	烟斗灯 图案自转	PR-1210	只	1
15	扫描式电脑灯	PR-1016 400W	只	8
14	八爪鱼电脑灯	PR-1036	只	1
13	12路开关板	PR-30012	台	1
12	16路光控台	PR-3010	台	1
	舞厅专用灯具及设备			
11	单联翘板开关	250V 10A	只	3
10	三联翘板开关	250V 10A	只	3
9	筒灯彩泡	大号 25W	只	24
8	应急疏散灯		只	10
7	嵌入式石英射灯		只	10
6	吧灯	60W	只	5
5	高效荧光灯盘	2×40W	套	2
4	简易荧光灯	1×40W	套	2
3	空调插座箱		台	4
2	电源插座箱		台	8	■
1	照明配电箱		台	2
	普通电气照明器材			
序号	材料名称	规格	单位	数量	备注

材料表

工程负责人		制 图		设计说明	设计阶段
专业负责人		校 核		材 料 表	图别 扩施
设 计					图号 1
					日期

图 7-16　照明电气施工图（一）

（2）照明配电系统图

照明配电系统图是用来表示整个室内的配电情况和配电系统。电气照明系统图表明室内工程的供配电系统，计算负荷并进行负荷分配，表明配电装置及导线、开关、熔断器的型号规格等。图7-17照明电气施工图（二）和图7-18照明电气施工图（三）是舞厅普通

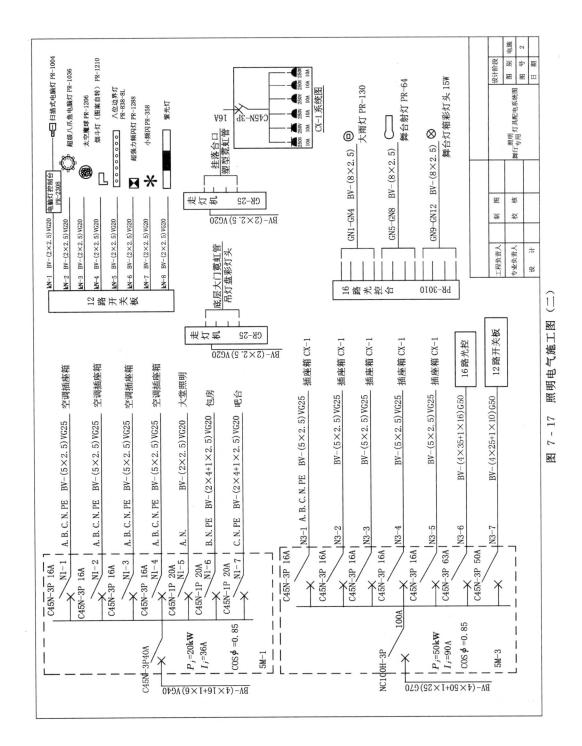

图 7-17 照明电气施工图（二）

165

照明和专用照明的系统图。图中表明：舞厅的普通照明和专用照明线路分别来源于配电箱 5M－1 和 5M－3；各配电箱引出线的规格及数量，连接的用电器或用电设备；舞厅的专用照明部分各开关板、光控台、声控台、调光台等设备引出线路的规格及数量，连接的专用灯具。

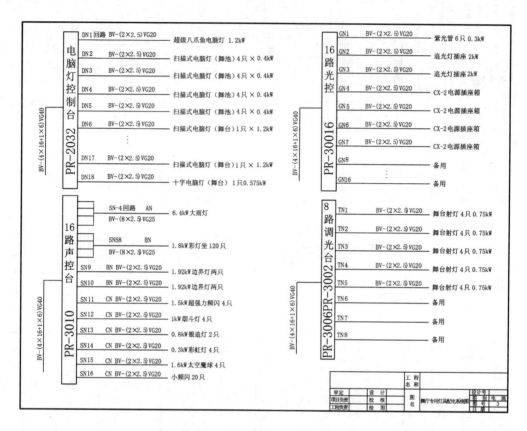

图 7－18　照明电气施工图（三）

（3）电气照明线路平面布置图

电气平面图一般按照楼层或房间绘制。在电气平面图上主要表明电源引入线的位置，线路的敷设方式及数量，配电箱、室内灯具、开关、插座及各种用电器的平面布置及安装要求等。图 7－19 照明电气施工图（四）是普通照明的平面布置图。图中表明了配电箱 5M－1 的位置在 9 号轴线处，其线路由楼下引入。由 5M－1 又引出 N1－1 至 N1－7 七个回路分别连接空调插座、大堂照明、包房照明和吧台照明。

而图 7－20 照明电气施工图（五）是舞厅专用照明的平面布置图。图中各专用照明灯具的线路均由配电箱 5M－3 引出。配电箱 5M－3 的位置在第三轴线处，由配电箱 5M－3 引出 N3－1 至 N3－7 七个回路分别与插座箱、光控台、开关板连接。

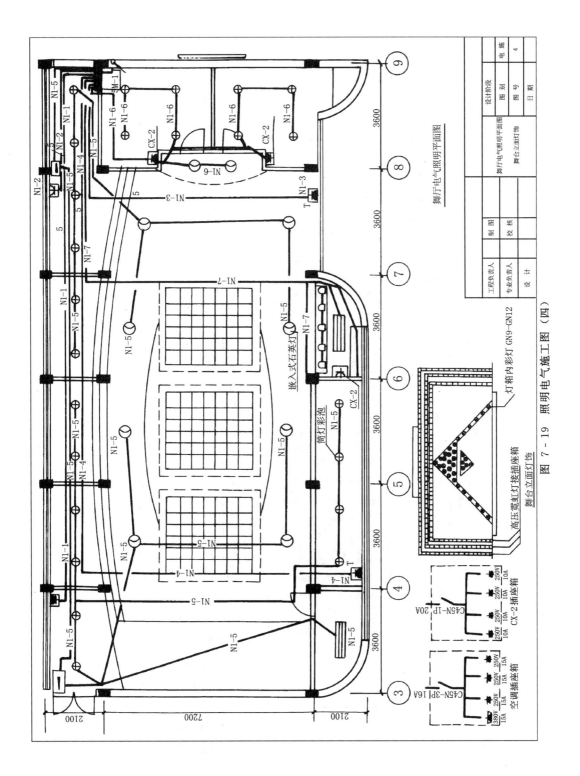

图 7 - 19 照明电气施工图 (四)

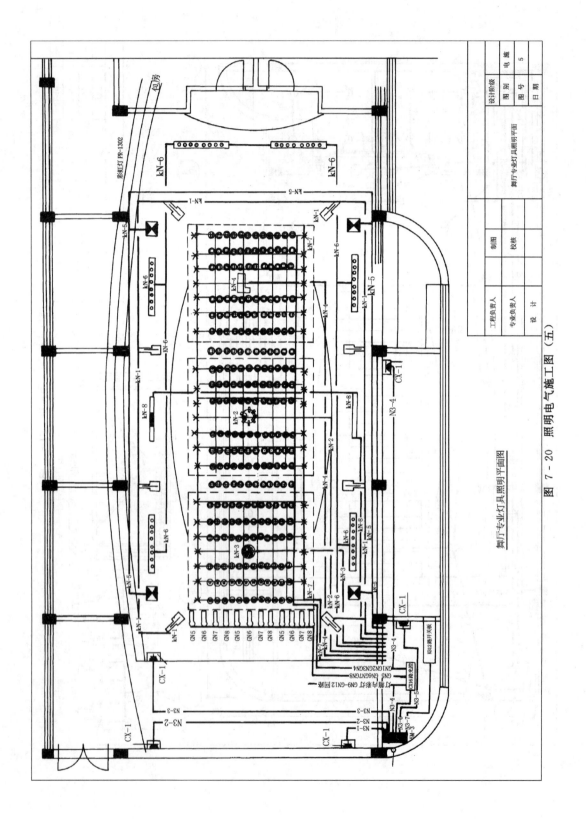

舞厅专业灯具照明平面图

图 7-20 照明电气施工图（五）

168

第4节 装饰工程典型实例分析

各种不同使用功能的空间，由于使用性质的不同，所需要的照度值、亮度的分布、眩光的控制等质量要求各不相同；需要创造的室内气氛、意境和风格也有较大的差异，因此灯具的选择、照明的方式都有所不同。以下通过生活中常使用的几种空间的照明分析说明室内照明设计的基本方法。

一、居住空间室内照明

居住空间是指供人们生活起居、休息所用的空间，包括住宅、宿舍及旅馆的客房等。

（一）居住空间照明的基本要求

1. 实用

为满足居住空间视觉条件，需要有合适的照度并注意房间亮度的平衡。由于住宅内房间的功能多，大小差别大，不同的房间需要不同的照度，相互的亮度不宜有较大的差异，避免过分的明暗对比。灯具的布置应满足使用者视觉的需要和家具的布置。开关、插座应使用方便。

2. 舒适

灯具的布置与选型应避免直射、反射、闪烁等引起的不舒适感。特别是旅馆建筑内的客房面积都较小、层高较低，为了满足旅客的舒适感照明设计应注意调整室内空间的大小，以免产生压抑感、拥挤感。光线应柔和，光色与灯具的选择应满足人们生理与心理的需要。

3. 安全

照明灯具和配电线路应注意安全，避免事故的发生。插座、开关的安装位置与高度应避免随意触及。为防止触电，灯具的金属外壳应有接地装置，并采取必要的漏电保护措施。

4. 经济

居住空间照明设计不仅在灯具选型及安装时应注意其经济性，同时应考虑长期使用中的节能要求。在满足照度的要求下尽量减少灯具的数量与功率。不同部位、不同使用功能的灯具宜分设开关，注意选择高效、节能的灯具。

5. 美观

灯具的选型、灯光的颜色应与室内的家具、窗帘、门窗的色彩、形式统一协调，尽可能地使整个室内空间形成统一的艺术整体。

（二）居住空间各房间的照明

居住空间室内的房间根据使用功能的不同可分为门厅或过厅、客厅、卧室、书房、厨房及卫生间等。各房间的照明要求和灯具布置如图7-21和图7-22所示。图7-21为住宅的室内照明，图7-22是旅馆套房的照明。

1. 门厅或过厅照明

门厅或过厅是住宅内的过渡空间，是室内外的连接部位，能给人留下深刻的印象，一般也是室内装饰的重点部位。在灯具布置上可选择吸顶灯或造型简洁的吊灯，再配以别致

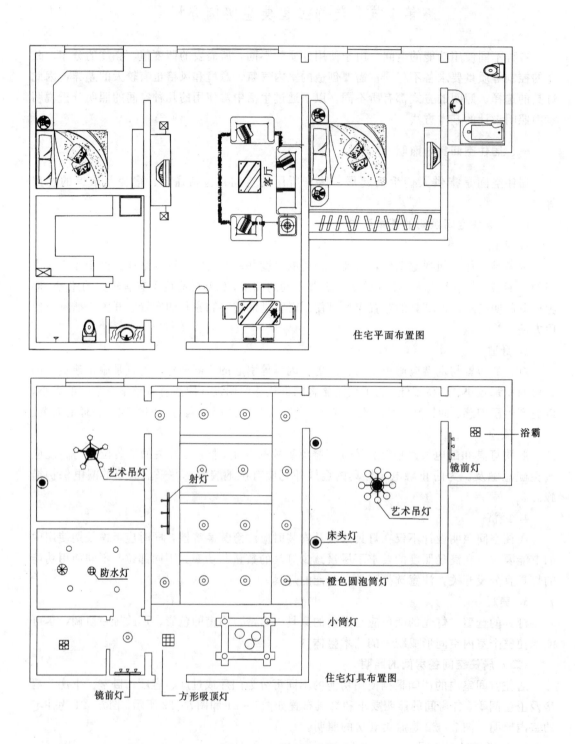

住宅平面布置图

浴霸

镜前灯

艺术吊灯

床头灯

橙色圆泡筒灯

小筒灯

住宅灯具布置图

艺术吊灯

射灯

防水灯

镜前灯

方形吸顶灯

图 7-21 住宅室内照明

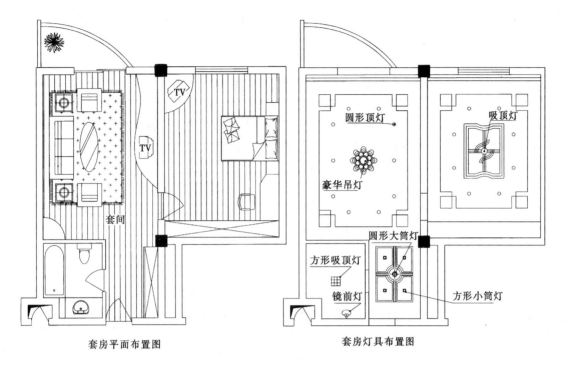

套房平面布置图　　　　　　　　　　套房灯具布置图

图 7-22　旅馆套房照明

的壁灯，使厅内显得明亮而高雅。如图7-21所示的住宅入口处由于紧连饭厅，因此照明灯具简化为一只普通吸顶灯，以对比衬托饭厅的照明特色。图7-22所示的旅馆套房的入口处在顶棚造型的基础上配有一只圆形大筒灯和4只方形小筒灯，使室内外的过渡空间简洁而明亮。

2. 客厅照明

客厅是住宅内公共性较强的部位，其功能包括待客、交谈、进餐、娱乐等。旅馆中套房的客厅也是作为接待之用，照明设计应考虑多功能的要求并与室内装饰协调。一般根据面积大小选择枝形吊灯或吸顶灯作为客厅主光源，安装在客厅中央。在墙上配壁灯，沙发旁配落地灯，电视墙顶部配射灯或光带。面积较大，层高较高的客厅可考虑光檐照明，中间配豪华吊灯，以显示室内的豪华气氛。如图7-21中住宅客厅顶棚分成6块不同标高的平面，设置14只橙色圆泡筒灯，营造一种夜晚星空的氛围。电视墙顶部相对部分设有3只射灯以强化墙面的装饰。餐厅顶棚上设有井字形构架，构架四角设有4只小筒灯，中央设有3只小型吊灯，用金属线悬挂成不同的高度。而图7-22旅馆套房的客厅顶棚上设置装饰线条，设有豪华吊灯并配有10只小筒灯。

3. 卧室照明

卧室是夜晚休息或看书阅报的空间，需要安静、温馨的气氛。照明方式宜采用漫射照明。灯具宜选择亮度低、光线柔和带有乳白色灯罩的吸顶灯，设于卧室顶棚中部，作为卧室的整体照明，另在床头配上壁灯或床头柜台灯，以形成舒适的室内空间光环境。在实例中卧室均采用枝形吊灯和床头灯。

4. 厨房照明

厨房照明包括整体照明和局部照明两部分。由于厨房面积较小，整体照明常在顶棚中部设吸顶灯或防水、防雾灯。而厨房的配餐及操作等部位设置的局部照明宜在操作台上方设置小型嵌入式聚光灯，以加大操作台的照度。实例中的厨房采用了防水、防雾灯作为主光源配有4只筒灯作为四周的局部照明。

5. 卫生间照明

卫生间照明应有利于表现室内空间环境的卫生与整洁，一般可采用带有乳白色灯罩的防水、防雾吸灯顶。设有洗面盆和梳妆镜时宜在上部设镜前灯，可选择带有乳白色灯罩的漫射型灯具，以减少室内的阴影。在实例中住宅卫生间采用的是浴霸，兼有照明和取暖的功能，在旅馆卫生间中则采用吸顶灯作为主光源在洗面盆镜前设有镜前灯。

（三）居住空间各部位的照明

1. 书桌照明

书桌照明是人们日常工作和学习所用的照明，一般采用台灯或其他可以任意调节方向的局部照明灯具。也可以采用专用的壁灯和工作灯。采用壁灯时其安装位置宜在书桌的左上方，安装高度应有利于阅读和书写。

2. 床头照明

根据一般人们的生活习惯，常在睡前靠床阅读书报，因此宜在床前设置灯具。床头灯一般采用台灯或壁灯，光线宜柔和。灯具的位置与高度应注意避免头影和手影遮挡工作面，灯具的开关位置宜设置在床头人手能够直接控制的部位。

3. 梳妆照明

梳妆照明包括卧室的化妆照明和卫生间的盥洗照明。为了便于修脸与化妆，梳妆照明的灯具宜采用漫射型乳白玻璃罩壁灯，安装在梳妆镜的上方。光源宜采用白炽灯，其光色有利于美化人的面容。

4. 沙发旁阅读照明

坐在沙发旁阅读书刊报纸也是人们生活的主要习惯，一般设置能调节高度的落地式柱灯以满足阅读的要求。

二、商业空间室内照明

（一）营业厅照明

商业空间营业厅的照明具有很强的技术性与艺术性。良好的营业厅照明能够强化室内商业环境气氛，吸引顾客，提高营业额。

1. 营业厅的照度分布

营业厅内的照明除满足一般照明的要求外，还应突出商品。因此，商业空间室内照度分布与其他室内空间照度分布有较大的差异。营业厅内的照明根据光照功能的不同可分为环境照明、陈列照明和装饰照明三类。这三部分的照度分布应将陈列照明放在首位，其照度一般应比环境照明高3～5倍。装饰照明的照度在商品的陈列区也应低于陈列照明的照度。但在一些过渡空间，如楼梯口、入口、门厅等处可适当提高。

在营业厅的不同部位其照度分布也不相同。按其位置不同可分为入口、厅内、厅内正面、厅内侧墙及橱窗等。一般入口的照度应为厅内照度的1/2，以突出厅内；厅内正面与厅内侧墙的照度应为厅内的2～3倍；而橱窗的照度则应为室内照度的3～5倍。这种照度分布的变化使室内照明丰富多彩，充分显示商品的特色与美感。

2. 营业厅的照明方式

营业厅内常采用多种照明方式,使各种照明产生的综合效果能提高室内光环境质量,节约能源,美化环境。一般可采用以下照明方式:

(1) 构图式一般照明。采用相同形式的灯具布置在整个营业区,灯具可按不同的排列方式构成不同的图案以提高照明的艺术效果。

(2) 专用照明。根据商品的性质、陈列的方式及位置而设置的照明,其目的是增强商品的立体感,突出及美化商品表面材料的质感与色彩。

(3) 灵活照明。安装独立的或连续的电源插座,满足临时需要而设置的照明。

(4) 重点照明。为突出特定对象而设置的照明。如新商品展台、产品广告、产品展销柜台等照明。重点照明的光色不宜采用冷色调,灯具布置不宜过分整齐。同时应加强光影变化,创造热闹的气氛。

3. 营业厅的灯具选型

由于室内照明方式的不同,其灯具的选型也有较大的变化。室内的一般照明多采用荧光灯,并利用荧光灯组合成不同的图案,以装饰空间,美化环境。在大型的营业厅中,可采用高效气体放电灯或高效荧光灯盘。这种光源及灯具效率高,能提高室内照度;显色性好,能创造明亮、纯净的光环境。专用照明常采用各种小型聚光灯。例如金银首饰、钟表、玻璃之类表面闪光的商品,为强调商品表面质感的特征和完美,可采用方向性强,低垂下射的束射光聚光灯。灵活照明可选择轨道式射灯,重点照明可采用彩色光源、小型发光顶棚或光盒等。

4. 入口照明

入口照明即店面照明。入口部位是商业空间的门面,其照度既要显示商店的豪华气氛,又要反映商品的行业特征,起到吸引顾客的作用。一般可在入口处设置小型聚光灯,结合入口装饰设置空间枝形网状照明。入口较宽敞的店面可设置造型新颖的彩灯,采用闪烁的光源照射入口。光色可选用红、橙、黄等艳丽的色彩,以强化入口的装饰效果。

5. 橱窗照明

橱窗是展示商品、反映商店特色和吸引顾客的部位。利用橱窗照明使商品醒目,强化商品的立体感、光泽感、材料质感和色彩。橱窗照明除提高照度值外,还需采用聚光的方式照射商品,从不同的角度设置光源,以增强橱窗的阴影变化与商品的立体感。采用强光束和散射光结合的方式使橱窗产生飘逸感和不定感,从而增强吸引力。

图7-23所示是商场营业厅的照明实例。在实例中营业厅的普通照明采用的是沿顾客通行空间设置的高效荧光灯盘及点式布置的节能筒灯和少量的筒灯彩泡。节能筒灯和筒灯彩泡的交替布置可改变室内的光色。室内的应急照明是在营业厅通往楼梯、电梯间的出入口处及楼梯、电梯间向外疏散的出入口处分别设有楼层标志及室内出口诱导灯。同时,在营业厅的三个角上及楼梯间内设有疏散通道诱导灯,以便组织室内人员在紧急状态下能正常疏散。根据售货区不同的商品设置射灯、石英射灯和轨道射灯作为专用照明直接照射商品。在左下角凹室内,由于面积小,凹入的深度大,为吸引顾客采用了圆形发光顶棚和节能筒灯照明,以提高凹室的照度。上下的电梯口分别设有圆弧形发光顶棚,配有节能筒灯,使电梯口的亮度提高,既能起到装饰的作用,又具有引导的作用。二层室外顶棚处设置了排列整齐的63只吸顶灯,以强化入口处的照明效果。另外,在柱四周、墙上设置若干电源插座,以满足柜台、灯箱、广告等装饰或灵活照明的要求。

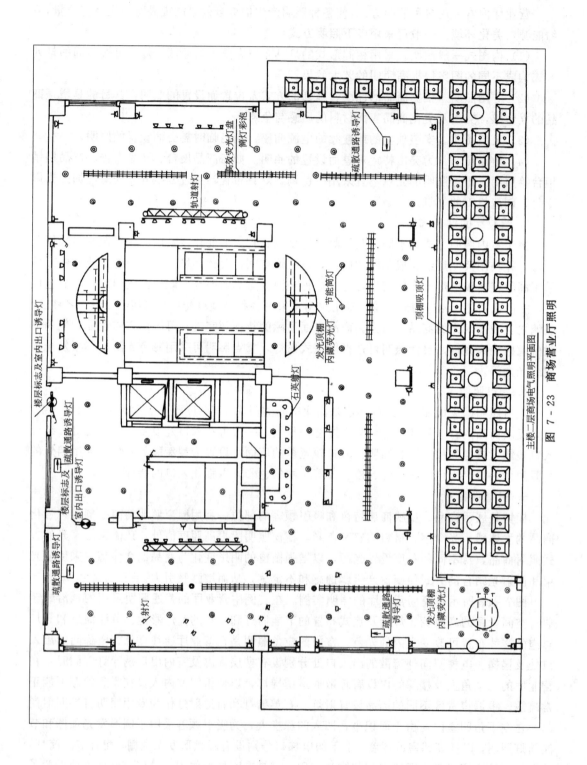

图 7-23　商场营业厅照明

主楼二层商场电气照明平面图

（二）餐厅照明

餐厅是供顾客进餐的场所，进餐环境的好坏直接影响顾客的食欲及进餐的气氛。根据进餐的特点一般可分为多功能宴会厅、特色餐厅、风味餐厅等。

1. 宴会厅照明

宴会厅一般有集会、进餐等多种功能，在照明的方式和照明灯具、光源的选择上具有一定的多样性与灵活性。宴会厅一般应具有欢乐、热烈、祥和的气氛。因此，在照明的方式上宜选择光檐照明、吊灯、壁灯等综合性照明。根据顶棚结构、餐桌布置将顶棚作为一个整体或划分为若干区域设置光檐或吊灯。光色一般为橙红色等暖色调，灯具的形式应与室内装饰风格统一协调。

2. 特色餐厅照明

特色餐厅常常是指具有特殊情调或特殊气氛的餐厅。例如情侣餐厅、儿童餐厅、生日餐厅等。不同特色需要具有幽雅温馨的、活泼新奇的或欢乐愉快的不同气氛，因此在照明方式、灯具的选择上也具有多样性，使其与特殊的气氛情调统一协调。

3. 风味餐厅照明

风味餐厅是指提供各种具有地方特色菜肴的餐厅。例如，中餐厅、西餐厅、川菜馆、粤菜馆等。这类餐厅相应的建筑装饰设计风格也应具有地方特色。在照明设计上可采用具有民族地方特色的灯具，用地方材料制作的灯具或采用特殊的照明方式。如中餐厅采用橙色光源的宫灯或各式灯笼，西餐厅采用蜡烛式灯具，川菜馆可采用陶土油式灯具，都能使室内照明和不同风格的装饰有机地结合起来，突出其各类餐厅的风味。图7-24为中餐厅实例，实例中主光源采用的是每张餐桌上方对应四棱台的发光顶棚，四棱台的四个斜面内藏橙色荧光灯，外设透明的有机玻璃。四棱台中间顶部相间两种不同的装饰线条，中间分别悬挂的圆形灯笼及牛眼灯，整个顶棚富有极强的韵律感。餐厅中间通道处设有两只八边形宫灯反映中餐厅风格并与四棱台发光顶棚形成一定的对比。两个入口处分别设有三只方形宫灯，以便起到吸引顾客，反映餐厅特色的作用。其他部分的照明灯具均采用不同大小的筒灯，使整个室内空间形成一定的明暗对比。

三、娱乐空间室内照明

娱乐性空间的类型很多，在照明设计上要求较高的是观众厅和歌舞厅。

（一）观众厅照明

观众厅的照明不仅要使观众看清演员的表演，还需要利用灯光艺术创造和谐的灯光布景和良好的室内光环境。观众厅的照明包括舞台和大厅照明两部分。

1. 舞台照明

舞台照明的方式与灯具的选择和布置应能准确地体现戏剧或歌舞的创造意图，能具有美的视觉感受。借助于灯光的变幻使演出的空间具有真实感，并将舞台与屏幕、背景的美充分表现出来，以提高观众的审美情趣。舞台灯具的选择与布置、照明的要求见表7-8。

2. 大厅照明

大厅照明一方面要考虑观众眼睛能适应照度的变化，另一方面是满足社交场所活动的要求，使室内既有良好的照明气氛，又能让观众很好地观看电影或戏剧。

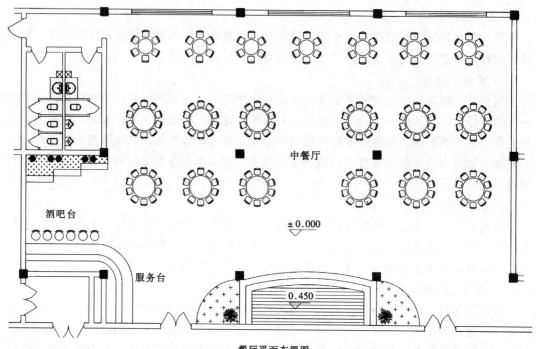

餐厅平面布置图

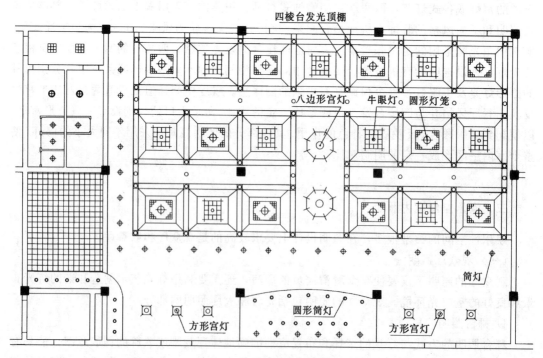

餐厅灯具布置图

图 7-24 中餐厅照明

分类及特点	灯具名称	使用场所	照　明　目　的	固定程度
泛光灯： 　照射范围广，光线柔和均匀，是依靠反射的光源和照明器具	排灯（连续灯具）	舞台上部	作舞台的一般均匀照明用	主要固定
	脚光灯（连续灯具）	舞台地面	照明舞台后部及向演员补光	固定
	天幕灯	舞台后部上方	照明天幕，表现自然现象或幻想	固定
	地排灯（连续灯具）	舞台后部地面	照明天幕，表现水平线、地平线上的天空和幻影，照亮舞台装置和背景局部	固定或移动
	带状灯（连续灯具）	舞台上排演用	照亮舞台装置和背景局部	可移动
	方灯（单灯）	舞台上排演用	远距离投光照明舞台幕布	可移动
	广角泛光灯（单灯）	观众前后部 侧窗		可移动
聚光灯： 　投光范围和光线强度可调，局部照明效果好，依靠光源反射和透光的组合而得到舞台照明的主要灯具	平凸透镜聚光灯 （单灯）	吊灯 第一边幕塔灯 顶棚侧前灯 舞台聚光灯	舞台照明主体，通过调节投光范围和角度可照亮全舞台和观众席全范围	固定或移动
	柔光聚光灯（单灯）	吊灯 第一边幕塔灯 楼厅顶棚侧前灯 舞台聚光灯	可调节投光范围和角度，可照亮全舞台和观众席全范围 光线较平凸透镜聚光灯柔和，较泛光灯强烈	固定或移动
	光闸集光聚光灯 （单灯） 轮廓聚光灯 卤钨灯 金属卤化物灯 直流弧灯	吊灯 侧廊聚光灯 顶棚侧前灯 中央聚光灯 侧廊聚光灯 顶棚侧前灯	照射面轮廓清晰，通过调节投光范围和角度均匀地照射被区分的范围 用于演员追光照明	可移动 固定

　　大厅的前厅是室内外的过渡空间，一般装修标准较高，在照明设计上除与装饰风格协调统一外，还应考虑一些广告、剧照等照明。常采用豪华吊灯、发光顶棚、光盒、光带等照明方式。厅内出口、疏散楼梯、通道等部位应设应急照明。大厅内的照明一般可采用以下方式：

　　(1) 小型聚光灯嵌入顶棚向下直射型　灯具布置多采用均匀交错形式，整个顶棚呈满天星布置，并与顶棚的角灯、壁灯、柱灯等配合使用，以减少室内空间的照度差。或组合成不同的图案，以华丽的构图形成室内优美的照明景观。

　　(2) 嵌入式荧光灯组合型　将成组的荧光灯嵌入或半嵌入顶棚，形成光盒或光带，并与空调风口协调配合，形成明亮简洁的室内照明。

　　(3) 多层次光檐反射型　在顶棚上设置不同标高的光檐，由墙边缘逐渐向中部升高，光檐内安装荧光灯或白炽灯，光线由顶棚反射室内。这种照明光线柔和，顶棚层次分明，但照明效率较低。

　　(二) 舞厅照明

　　舞厅是一种公共娱乐空间，要求环境优美，气氛热烈。舞厅的灯光应与舞蹈、音乐交融一体。照明设计既不应过分明亮，也不宜太暗淡，其照度一般控制在10～50lx范围内可调。常采用多层次照明，使照明技术与灯光艺术有机结合，强化舞厅的艺术表现力。

1. 舞厅照明设计的基本要求

（1）舞厅照明设计应与室内装饰统一协调。室内装饰是舞厅照明设计中主要协调的环节。它包括灯光照明设计为室内装饰提供的背景与亮度，表现室内的空间感以及舞厅不同的气氛和意境。例如光色与舞厅装饰色彩的协调，一般情况下我国南方多为冷色调装饰，而北方则常为暖色调装饰。色彩的明亮度常采用深、暗色调，因此光源、光色的配置应强化与突出装饰色彩，使其层次分明，协调统一。

（2）专用灯具与电气设备应经济合理。舞厅中的专用灯具和电气设备品种多、功能复杂且价格高，在舞厅灯具选型、布置上是一个重要环节。一般应按照适用、美观、安全、经济的原则确定，按照舞厅的性质、规模、灯光控制回路等因素经济合理地选择专用灯具、控制方式和调光设备。

（3）充分表现光影艺术。舞厅的灯光是表现室内空间、气氛和意境的重要手段。灯光的色彩，投光的方向、角度、范围和强度，投射节奏、频闪速度等都会引起室内环境与人们感情的不同变化。因此，在设计时应根据舞厅的类型、乐曲的节奏、室内的情调等来确定照明的方式、灯具的类型与室内的布置。

2. 舞厅主要专用效果灯具

舞厅的专用效果灯是设于舞厅中部，依靠多变的色彩，流动的光柱，富于变幻的图案来烘托环境气氛的灯具。舞厅中的效果灯能激发人们的热情，渲染音乐的感染力，组织变幻莫测的空间，使室内气氛热烈而激昂，使人们能尽情地欢乐与放松。舞厅效果灯的品种繁多，一般包括以下几类：

（1）根据灯具的外形不同可分为蜂窝柱、八头柱、聚光柱等柱形灯；月亮灯、音乐魔幻灯等方形灯；五体星形幻彩灯、满天星转灯等蘑菇形灯；宇宙幻彩灯、太空魔球等球形灯；塔楼灯、太阳灯等笼状灯；紫光管、霓虹管等条形灯；单飞碟盘式灯、三棱式灯、多棱式灯等。

（2）根据灯具动作不同可分为摇摆式，如十头扫描式；旋转式，如强力线条灯、平口镜子灯；固定式，如雨灯等。

（3）根据灯具光束的多少可分为单光束灯，如单头扫描灯；双光束灯，如双镜彩虹灯；多光束灯，如四头菊花灯、声控八爪鱼灯等。

（4）根据灯具的造型功能不同可分为反射星光式、月球幻彩式、音乐幻彩式、宇宙回转式、激光图案式、追光造型式、泛光消影式等。

（5）根据灯具的控制方式不同可分为普通灯和电脑灯。

3. 专用效果灯的选型与布置

专用效果灯的选型应根据舞厅的规模、性质、投资确定。一般可参考表7-9的类型和数量设置。

舞厅中的各类灯具众多，应按一定的规律布置，使其既能满足使用要求，又能排列整齐，不至于产生零乱感。一般情况下舞厅四周或休息座区设内嵌式筒形聚光灯，点式布置，应用调压器控制光源亮度，作为休息区的低压照明和舞池的背景照明。

图 例	灯具名称	数量（台）	设 置 要 求
	电脑灯	1～4	悬挂于舞池中部
	烟斗灯	1	悬挂于舞池中部
	十字电脑灯	1	悬挂于舞池中部
	八爪鱼电脑灯	1	悬挂于舞池中部
	中央智慧灯	1	悬挂于舞池中部
	光束射灯	4～8	设于舞厅四周，可安装旋转彩色片
	边界灯	2～4	设于舞池边界
	紫光灯管	2～8	均匀地布置在舞池内
	扫描式射灯	4～8	设于舞池四角，光束向舞池
	投光灯	2～8	设于舞台前沿，光束投向舞台
	闪灯	10～18	设于舞池中部
	星灯	20～40	均匀地布置在舞池中部
	频闪灯	4～8	设于舞池四周
	塑料霓虹管	20～100（m）	设于舞台台口、台唇、舞厅四周强化装饰轮廓
	烟雾器	1	设于舞台或光控室附近

　　舞池中部的顶棚上设置钢架或轻钢龙骨架，常为上下两层。上层安装彩色静态小功率灯具，如星灯、频闪灯等。可将静态灯组织成点、线、面等各种图案，并通过声控器控制光的强弱变化或图案变化。钢架下层一般设置各种动态灯具，下层灯具位置应与上层灯具位置错开布置。动态灯具包括各种摇摆式、旋转式灯具，并与舞曲节奏配合动作与变化。动态电脑灯还有光色、光束、图案等变化。

　　舞厅的地面、挂落，舞台的台口、台唇设置塑料霓虹管配合走灯机，使室内各部位交替闪亮发光，相互辉映，增强舞厅光色的立体感。

图7-25为一夜总会的照明设计实例，夜总会是由KTV包房、DTV包房和舞厅组成。KTV包房、DTV包房的照明一般采用各种造型的发光顶棚，既能创造温馨的气氛，又具有较强的装饰性。舞厅部分的普通照明石英射灯、高效荧光灯和高效荧光灯盘，分别设于大厅、前厅、走道、工作间等空间。在包房的走道尽端设有一只疏散诱导灯，在两端的出入口分别设有疏散安全指示灯，走道和大厅内用节能筒灯作为应急照明，共同组成应急疏散照明系统。吧台处设有3只吧灯，以强化装饰酒吧。舞台照明是在舞台顶部设有一组排灯作

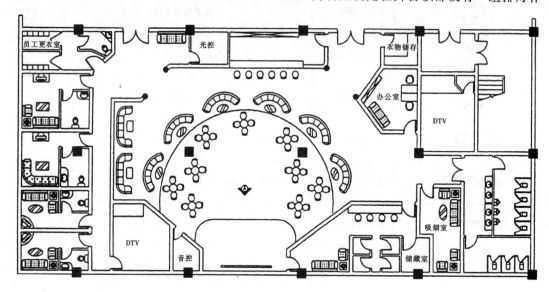

夜总会平面布置

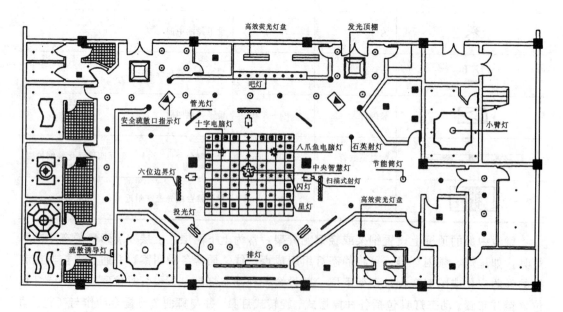

夜总会灯具布置

图7-25　夜总会照明

为主光源，并配有4只节能筒灯，舞台两角分别设有两只投光灯直射舞台。在舞厅中央舞池顶部设有一方形钢架，钢架上设有中央智慧、八爪鱼和十字形电脑灯，呈三角形布置。钢架外围布置有22只星灯，放射状布置了27只闪灯。舞池的四周设置了3只扫描式射灯，3只六位边界灯及保证室内卫生的杀毒杀菌紫光灯4只。

四、特种照明

特种照明是指除室内照明以外的那些为加强建筑或环境美观效果而设置的照明系统。一般包括建筑立面照明、水景照明、广场照明等。

（一）建筑立面照明

建筑立面照明是建筑装饰的组成部分，又称城市光彩工程。它是用灯光照明来塑造建筑物的夜间形象，使城市夜景丰富，为人们提供良好的夜生活景观。城市中的大型的楼、堂、馆、所及具有代表性的建筑都应通过光彩工程重塑新的形象，供人们夜间观赏。

1. 建筑立面照明的基本要求

（1）建筑的立面照明应反映建筑的特征与风貌。不同性质的建筑物对立面照明有不同的要求，需要创造不同的气氛与意境。一般文化建筑、纪念建筑应反映本身的文化内涵，通过稳定的、明亮的色彩，单一的光源创造庄重、严肃的气氛。商业建筑、娱乐建筑需要通过丰富的光色，明亮华丽的灯具，多层次、多形式的照明来创造繁华热闹的景观。而园林建筑、小品、雕塑等则需通过丰富的色彩、低照度的光源来创造一种幽雅、宁静的意境。

（2）应充分发挥光彩照明艺术的魅力，有助于提高建筑的造型艺术。立面照明应尽力通过光色、光影的变化，投光的角度，灯具的选型来丰富与美化建筑形象。通过光彩构图使其个性鲜明、主题明确，具有较高的艺术品位。

（3）应注意灯具、设备的安全性与经济性。照明设施应安全可靠，光源与投光方向应避免光污染。设备安装、选型应便于维修与管理。照明光源、灯具选型、控制设备应注意高效节能。

2. 建筑立面的照明方式

建筑立面照明的方式较多，一般常采用建筑轮廓照明和投光照明两种。

（1）建筑轮廓照明。这是我国建筑立面照明的一种传统方式。它是沿建筑的外轮廓设置连续的白炽灯、彩灯、霓虹灯、导光管、通体发光光纤等以展示建筑的外轮廓形态。不同的光源与灯具能表现出建筑立面不同的光彩效果。

普通白炽灯、彩灯或节能灯按间距300～500mm串灯方式安装能形成建筑醒目的轮廓，并能组织各种文字与图案。这种照明方式简单易行，投资少，维修方便，但缺乏动感，难于体现建筑的立体感，艺术表现力不够，同时耗电量大。

霓虹灯管是用不同颜色的霓虹管沿建筑的轮廓连续安装，勾绘建筑物外轮廓。这种灯具有较好的色彩效果与动态效果，常用于商业建筑和娱乐建筑。

导光管装饰外轮廓颜色可变，具有较强的醒目性，但设备、安装技术要求高，一次性投资大。

通体发光光纤连续安装在建筑外轮廓上可形成发光带，具有较好的色彩效果与动态效果，安全节能，但一次性投资大。

（2）建筑立面投光照明。这是采用投光灯照射建筑立面的一种照明方式。由于投光灯的光色好，能充分表达建筑的立体感，建筑立面材料的色彩与质感，是目前应用广泛的一种建筑立面照明方式。

建筑立面的投光照明应根据建筑物造型选择投光方向，使建筑物相临的立面之间有明显的亮度差别，以便加强建筑的透视感。投光灯的投光方向应与立面有一定的角度，以使立面有立体感。光在建筑立面上的入射角小于90°时最能表达立面效果。当立面为平面，缺乏凹凸变化时，投光灯的光源宜靠近立面，光的入射角宜采用60°～85°，才能产生明暗效果。当立面有承重柱、壁柱、纵向玻璃窗等垂直线条时，可用中光束投光灯从立面左右两侧投光，以突出立面垂直线条，并能产生强烈的阴影变化。当立面上有窗台、窗眉线、大梁等凸出墙面的横向线条时，宜将投光灯安装在距立面较近的位置，以免产生宽大的阴影将建筑立面截然地分成上下两部分。

为了表达建筑立面的色彩与质感，宜采用与建筑立面材料颜色一致的光色照射立面，能使立面材料颜色更加艳丽。

建筑物周围有树木、篱笆、围墙绿化及附属设施时，投光光源宜安装在绿化物或附属物的后面，光源被遮挡，树木、花墙等在明亮背景下形成黑影，能增加环境的深远感。

此外建筑立面照明还可采用内部透光的方式，如在玻璃幕墙内，在通透的柱廊、花墙、阳台等处设置照明设施，形成透光发亮面来表达建筑立面。同时还可以采用激光、光纤等高新科技或电脑技术，通过各种色彩的激光光束来塑造建筑丰富的夜间照明景观。

（二）水景照明

水景照明是在室内外水体的水面或水中所设置的照明。其目的是突出水景的秀丽，创造完美的水景景观以及为水下工作创造一定的视觉条件。

1. 水面照明

水面照明是在水面构筑物上安装照明灯具，使水面具有比较均匀的照度分布。由于被照物体是无色透明的水，因此要求照明光源应有比周围环境更高的亮度，并利用各种灯具组织不同的光分布和光构图，造成特有的艺术效果。水面照明可采用固定照明、闪光照明和调光照明等方式。固定照明是在水景的中心，如喷泉的喷水中心设置高亮度的光源，以突出各种水花的风姿。而闪光照明和调光照明是由多种彩色灯具组成，通过闪光或使光源亮度缓慢变化，以适应水景色彩的变化。灯光色彩的切换应配合水姿的变化。

2. 水中照明

水中照明是将灯具安装在水中的照明方式。由于水对于光的透射系数比空气的透射系数低，水对于光的波长透射性有较强的选择性，一般对蓝、绿色系统的光透射率较高，而对于红色系统的光透射率较低。因此当光通过水时，由于水发生的吸收与散热作用会减弱光的强度，人眼在水中的视力会明显下降。

以观赏水景和水中景物为目的的水中照明，需要水色美观，常选择卤化物灯或白炽灯作为光源，因为黄色和蓝色系统的光在水中比较醒目。

以视觉工作为目的的水中照明，在水中需要的视觉条件和在空气中的视觉条件相同。

水下照明的灯具有很多类型，一般完全封闭的、抗冲击的灯泡可直接安装在水中；将灯泡装置在密闭的灯具外壳内，可飘浮在水面上；还有可安装在池壁上的干式池壁灯和湿式池壁灯。不论哪种类型的水下灯具，都必须设置漏电保护装置，使用低压电源，在灯泡外装不锈钢保护罩。

(三) 广场照明

1. 广场的类型

城市广场根据其特征及功能不同可分为中心广场、交通广场、站前广场、纪念广场、商业广场及绿化广场等类型。

中心广场通常设在城市中心地区，供群众性集会、节日庆祝联欢之用。同时部分为交通服务。

交通广场是指有数条道路汇集的大型交叉口广场，供来往车辆集散之用。

站前广场主要布置在火车或长途汽车站前，供到站和离站的各种车辆及来往的旅客短暂停留之用，是集散广场的一种类型。

纪念性广场是为纪念革命导师、民族英雄、革命圣地或具有纪念意义的事件而设置的广场。一般多选择在市中心交通方便、自然条件好、环境优美的区域。

商业广场是为满足人们购物要求而设置的露天广场或商业街。

绿化广场是供人们休息、散步、活动之用的广场，一般设置在城市、区域的中心地段。

无论哪种类型的广场都是由满足不同功能的空间、绿化空间、照明、雕塑小品等组成。

2. 广场照明的基本要求

(1) 在广场范围内应有适应广场性质的照明和光线的均匀度。

(2) 照明要尽量减少广场范围内的阴影。

(3) 广场灯柱形式、绿地、雕塑、纪念碑照明应与广场相适应，并有利于美化周围环境。

(4) 照明灯具的选型及布置不应影响交通和人们的活动并应减少眩光。

3. 广场照明设计

(1) 广场照度

照度是广场照明的重要指标，一方面它反映照明效果，同时还起作装饰城市、美化环境的作用，也是城市光彩工程的组成部分。我国现阶段城市广场照度标准一般为5~15lx。广场绿地的照度可适当降低，而纪念碑、雕塑、小品等照明的照度适当提高，以起到突出重点的作用。

(2) 广场光源

光源的选择除考虑广场的性质外还应考虑效率、容量、寿命、显色性等。一般常采用功率高、效率高的光源，如大容量的氙灯、水银灯、荧光水银灯、钠灯、金属卤化物灯等。对显色性要求较高的商业广场、绿色广场可采用金属卤化物灯或氙灯。纪念碑、雕塑、小品等照明的光源可采用各类聚光灯、投光灯。

(3) 广场照明方式

广场照明方式一般根据广场大小、形式、周围环境等因素确定。常用的照明方式有灯杆照明、高杆照明、悬索照明、草坪照明等。

灯杆照明是将灯具安装在高度为15m以下的灯杆顶端，沿广场人行道设置。这种照明方式布置灵活，光的损失少，能有效地照亮地面，在道路转弯处能起诱导作用，经济性好，适用于中小型广场。灯杆照明的安装高度一般为10~12m，灯具的悬挑长度一般小于1.5m，灯具的安装角度常为5°。

高杆照明是在一个比较高的杆子上，安装由多个高功率、高效率光源组装的灯具。高杆照明的高度一般为20~35m，其间距一般为90~100m。这种照明方式布置稀疏，不影响视线，具有刚毅、挺拔的效果。适用于各类大型广场。

悬索照明是在高度为15～20m的两根灯杆之间拉起钢索，在钢索上悬挂灯具的一种照明方式。灯杆的间距常为50～80m，灯具的安装间距一般为高度的1～2倍。这种照明方式可以得到较高的照度和较好的均匀度，布置整齐的灯具具有较好的诱导性。适用于各类大型广场。

草坪照明是安装在广场的草坪边或花坛边的装饰性照明。为使草坪、花坛具有宽阔的形态，草坪灯具一般都比较低矮，其高度常为30～40mm，作为广场的配景灯具其光色一般较为艳丽，与花草树木的色彩交映生辉，创造广场丰富的景观。草坪灯具的造型应尽可能多样化、艺术化，以增添广场的艺术情趣。

（四）溶洞照明

溶洞属地下的室内空间，是供人们游览、观赏之地。在溶洞内除观赏各种奇石异景外，还可在洞内的小河中划船、戏水。

溶洞内的照明类型包括显示照明、正常照明、装饰照明和应急照明。

（1）显示照明。是设置在溶洞口的显示洞内景点和导游线路图的显示屏照明。显示屏采用电子程序控制，按照洞内旅游线路方向逐段显示。显示方式有两种：一种为每段从起点逐个亮到终点，最后全部发光；另一种也是每段从起点亮到终点，亮的方式连续不断，似小溪流水，具有强烈的动感。当每一起点开始明亮时，下一景点的指示灯便开始闪烁，上一景点结束后，该景点的指示灯停止闪烁而保持正常明亮。当旅游线路全部结束，所有景点的指示灯逐个闪亮一遍以后，全部指示灯熄灭。控制设备便暂停，然后再重新启动。在溶洞入口处还装有洞名和欢迎参观等字样的显示屏，洞内每一景点处也配有彩色的景观图片，使洞内形象生动迷人。

（2）正常照明。又称明视照明，是为溶洞提供相应照度的照明，即满足洞内正常活动与正常工作所需要的照明。正常照明包括常见灯光和附加灯光。当导游介绍景点时，两种灯光同时启动，导游和游客离开该景点时，附加灯光自动熄灭。两种灯光的应用不但可以节约用电，同时还可以使室内具有明暗变化，给人以新奇感、神秘感。洞内通道正常照明的灯具安装高度一般为距地面200mm，为保证必要的照度值，一般每间隔4～6m设置一盏60W的灯具。

（3）应急照明。当溶洞内的正常照明因故断电时，为了迅速而有序地疏散游客而设置的照明装置。应急照明一般设于溶洞内通道的转角处、分叉路口的交汇处等，为人员的安全疏散和信号指示、疏散诱导灯具提供照度。在洞内不能通行的区域，尚未开发的地段，有危险的区域均应设置禁止通行的警示照明。应急照明的灯具均为带有蓄电池的灯具。

（4）装饰照明。为了烘托洞内各景点的气氛，创造洞内丰富的景观而设置的照明。装饰照明一般利用灯光的色彩，光影的变化，声、光、电的综合控制来创造丰富多彩的景观，使其具有艺术感染力，使游人身临其境，产生丰富的联想，享受大自然的乐趣。

装饰照明所选择的光源其功率不宜过大，且应有调光装置。对于远景的钟乳石，可采用100～200W的投光灯。投光灯的位置宜上下变动并能调整焦距，以利于优化景点的形态。景点附近可增设其他照明光源，使其产生亮度对比而突出景点的艺术形象。装饰选用的灯光颜色应根据景点的不同构思、不同的故事与传说确定。

复习思考题

1. 照明光源有哪些主要类型? 适用于哪些场所?

2. 如何正确选择室内灯具?

3. 简述照明设计的基本原则。

4. 简述装饰照明的作用。

5. 应急照明有何作用? 有哪几种类型? 设置在室内哪些部位?

6. 按灯具的散光方式不同室内照明可分为哪几种形式? 各有何特点?

7. 简述照明设计的基本程序。

8. 简述商业空间照明设计要点。

9. 简述舞厅照明设计要点。

10. 建筑立面照明有何作用与特点? 常采用哪些方式?

作业 (三)

舞厅照明设计

一、设计要求

根据图 7 - 26 的舞厅平面布置图进行普通照明和专用照明设计。

该项目为一综合楼三楼中小型歌舞厅,包括舞厅、灯光控制室、卡拉 OK 包房、吧台、制作间、卫生间等,使用面积 430m² 左右。

通过舞厅照明设计要求学生能够掌握舞厅照明设计的基本内容与基本方法,能够正确地确定舞厅的普通照明方式,合理地布置各种照明器具,满足舞厅基本照度和安全疏散的要求;能够经济合理地选择舞厅专用灯具,通过有效地排列组合,创造舞厅灵活多变的光环境。

二、图纸要求

图幅统一为 2 号图 (含图纸封面设计和图纸目录),平面图比例为 1∶50 或 1∶30,其他图的比例自定,设计深度主要包括以下内容:

(1) 设计说明:说明设计构思的基本方法,照明效果的特点,各类照明器具选择的基本原理,与电气工种配合的要求,施工的注意事项,绘制出各类灯具、设备的图例符号等。

(2) 主要材料设备表:根据设计汇总各种材料设备,标明单位、规格、数量、质量要求及生产厂家等。

(3) 普通照明平面布置图:布置舞厅普通照明、安全疏散照明灯具及确定各种开关、插座等用电设备的位置或相互间的位置关系。

(4) 专用照明平面布置图:绘制出各类专用灯具的平面位置及相互间的位置关系,确定各类控制设备的位置并合理地进行布置。

(5) 立面图:在平面图上无法表示清楚的灯具和照明器具应绘制立面图,其内容和表示方法与平面图相同。

(6) 配合电气工种完成照明电气平面图及系统图。

三、进度安排

进度可由各教学单位根据具体情况自行安排。

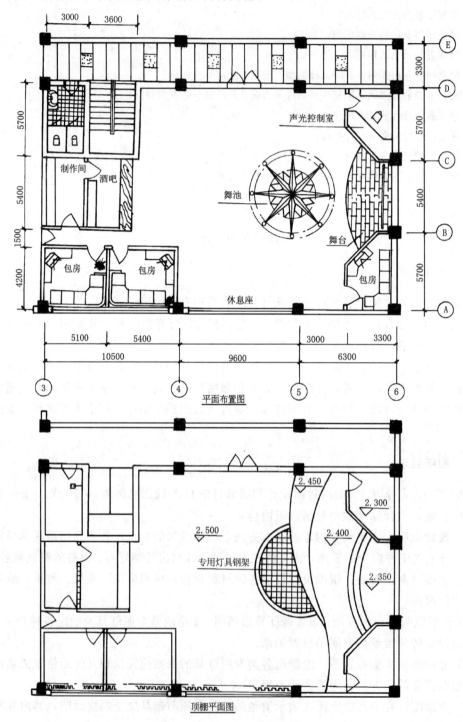

图 7-26 舞厅平面布置图

第8章 室内景观设计

室内景观设计是将室外的自然景物直接引入室内，或通过借景的方式引入室内而形成的室内庭院和室内景园。室内景观设计的目的是创造一种完美的室内生态空间，提高室内空间环境的舒适感，使人们身临其境能够享受大自然的诗情画意，起到回归大自然的作用。随着城市的扩大、工业化的发展、生活节奏的加快，人们越来越希望在室内设置自然景观，供大家休息、游玩、享受。特别是在大型公共建筑的中庭、内院等共享空间，引入花草树木、山石水景已成为室内环境设计的时尚。室内景观一般由室内绿化、山石水景、雕塑小品和亭台楼榭等构成。

第1节 室 内 绿 化

室内绿化又称室内绿化装饰，它是以自然界的花草树木等构成要素设置于室内，创造一个优美、舒适的生活空间，带给人们一些清新、幽雅、深远的感受。

一、室内绿化在装饰设计中的作用

（一）美化环境

室内绿化是最富有生气，富于变化的室内装饰物，它除了自身色彩、体量、形态、气味美以外，还通过不同的配置方式与室内环境有机地组合为一个整体，而形成美的空间环境。室内绿化美化环境的作用主要表现在以下几个方面：

1. 绿化以质感与肌理对比丰富室内空间层次

室内的家具、设备、界面装修等一般多为质地光洁细腻的材料，而绿化的植物质地较粗糙，在两者的对比下，花草树木在家具和界面的陪衬下，使室内空间层次丰富而富于变化。

2. 静态与动态的对比

室内的界面、家具及其他陈设大多为静止不动的形体，使室内显得宁静安详而缺少变化与活力。而绿化中的植物从发芽到落叶，从开花到结果，在风的作用下随风摇曳，变化万千；水景中的喷泉、瀑布滴水有声更具有动感，这动静的对比使室内充满无限生机。

3. 色彩对比

花草树木色彩艳丽，以室内界面颜色作为背景色，更能使红花绿叶赏心悦目，而室内界面多采用中性色在红花绿叶的点缀下，室内色彩丰富活泼。

4. 形态对比

花草树木千姿百态、高低错落、疏密相间、曲直不一与现代建筑简洁的造型、轮廓分明的线脚形成强烈的对比。这一曲一直、一刚一柔有利于打破室内的单调感，增强室内环境的表现力。

（二）组织空间

室内绿化作为室内的构成物，要占据一定的空间，它所占面积的大小，排列与布局的方式都起到组织空间的作用。室内绿化对空间的组织主要表现在分隔空间、联系空间和填充空间的不足，构成虚拟空间的中心。如图8-1所示为一共享空间的绿化。用不同植物将室内空间划分为不同的区域，既能保持各部分相对的独立性，又能保证空间的完整性。一般常用盆栽、植物、花台、绿篱、水景等作为空间的分隔物。

利用绿化联系空间是以绿化作为纽带将相邻的空间联系起来，使其融汇贯通形成一个完整的统一体。如图8-2所示为一室内的平面布置图，图中一小桥将室内空间划分为左右两部分，而利用水体穿越小桥，使左右空间相互呼应，形成统一整体。

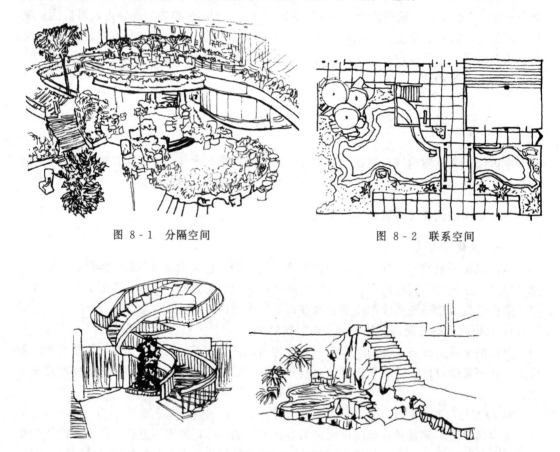

图 8-1　分隔空间　　　　　　　　　图 8-2　联系空间

图 8-3　填充空间

利用绿化填充空间是由于室内设计时有许多难以处理的空间，可以用绿化来填补，使其自然，完美。如图8-3所示，在一个螺旋楼梯的中间用绿化植物加以填充，在室内台阶的左边用水景填充，不但能给室内增添生气，还能使空间布置完整、统一。

（三）改善室内小气候

通过室内绿化可以调节室内温度、湿度和净化室内环境。植物具有一定的吸湿性，梅雨季节可使室内湿度减小，干燥季节又能使室内湿度提高。植物具有良好的吸声作用，能降低室内的噪声。植物吸收二氧化碳，放出氧气，可以净化室内空气。植物还能遮挡直射阳光，吸收辐射热量，起到隔热降温的作用。室内的水体同样能调节室内温度与湿度。

（四）营造空间意境

各种奇花异草都具有各自的品格与个性，设置在室内可以使室内空间具有特定的气氛与意境，使人们产生种种联想。翠竹的幽雅，梅花的坚贞，兰花的高洁，荷花的出污泥而不染，松柏的刚强与严谨的品格，都能够创造一种特殊的意境，使人们生活、活动在其中能够身心愉悦，心灵得到净化；牡丹的雍容华贵、热闹喜庆，又能强化室内意境给人留下深刻的印象。如图8-4是一客厅的布置，室内家具简洁明快、窗明几净，墙面配以字画，沙发旁配有君子兰，创造了一种高雅、朴实无华的意境。而图8-5是在室内的通道两侧对称地线形布置柏树，营造出一种庄严、肃穆的室内气氛。

图 8-4 简洁朴实的意境

图 8-5 庄严肃穆的气氛

二、室内绿化的类型与布局

（一）室内植物的类型

室内植物受到空间的限制，不可能象室外种植那样随意，一般多采用低矮小巧的植物以及既喜欢充足的阳光又能耐阴的植物。常采用以下类型：

1. 乔木

室内种植的乔木一般造型优美，小巧玲珑。常以观花、观叶为主。如采用印度橡胶树、袖珍椰子、巴西木、龙柏、广玉兰、油松、落叶松等。

2. 灌木

室内常采用灌木组成绿篱作为分隔空间、引导人流的装饰物。多采用万年青、杜鹃、秋海棠、山茶和米兰等。

3. 竹与藤类

竹与藤都具有优美的造型、独特的韵味。竹在室内常作配景，藤常与室内空廊、构架配合而形成室内主景。

4. 草坪

草坪是用草皮铺盖的地面。常为多年生，宿根类，单一的草种，均匀密植、成片生长的绿地。草坪可以防止灰尘再起，减少太阳的热辐射。草坪一般占据较大的地面，形成大面积的绿地，连接各个景区，陪衬建筑、小品和水景。草坪能使人们的眼睛舒适、心情开朗，解除疲劳。草坪除供观赏外，还可作为人们散步、坐卧、休息之用。

草坪可以分为规则式和自然式两种形式。规则式草坪外形具有整齐的几何轮廓，表面平整，常与规则的室内格调统一，可作为规则的花坛、道路边缘的装饰物。自由式草坪没有固定、完整的边界线，常随地形形成有坡度、有起伏的波浪式大面积草坪。

5. 花坛

花坛是在具有一定几何轮廓的植床内，种植各种不同色彩的观花、观叶、观果园林植物所构成的艳丽的装饰物。当花坛升高，边缘用砖、石头砌筑便形成花台。在花坛中一般常种植郁金香、兰草、蝴蝶花、金橘等色彩艳丽、造型优美的植物。花坛具有较强的装饰性，常在室内作主景或配景。室内花坛可分为独立花坛和花坛群两类。独立花坛常单独设置在室内中厅、大堂的中央，作为室内主景。如图8-6所示。花坛群是由两个或两个以上的独立花坛构成的群体。具有较强的整体性和明显的构图中心。其构图中心可以是水景、雕塑或纪念物等。如图8-7所示。花坛的植床可以是各种不同的几何形，如图8-8所示。

图 8-6 独立花坛（台）

图 8-7 花坛群

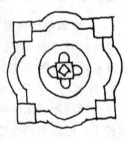

图 8-8 不同的花坛植床

（二）绿化植物的布置方式

1. 点式布置

点式布置主要是指独立或成组设置的盆栽、花坛、乔木或灌木。点式布置一般设于室内空间的中间区域，形成室内景观的中心。具有较强的观赏性和装饰性，并能增加室内的空间层次。点式布置的植物应从形态、色彩、质地等方面精心地挑选，使其重点突出。大型乔木一般设置在大型厅堂中，如中厅、四季厅等空间。小型花卉则可放置在较小空间的地面上、家具上，或悬挂在空中。如图8-9是几种不同的点式布置。

图 8-9 点式布置

2. 线形布置

线形布置是指室内绿化植物布置
排列呈线形，包括直线与曲线两类。室
内的绿篱即线形布置。线形布置常用
于入口、走廊、直跑楼梯等部位。一般
将盆栽植物排列于两则，具有明显的
导向性。图8-10所示是设于琴台前的
线形布置的植物。

3. 面式布置

呈面式布置的植物在室内常作背
景处理，以其自身的形、体、色突出前
面的主景，使主景层次分明。如设于地

图 8-10 线形布置

面的草坪，设于地面或墙面的长青藤、匍地柏等地被植物。面式布置可以是几何形面，也
可以是自由式面。常用于内庭和大面积的空间。

（三）室内绿化植物的选择与配置

绿化植物的选择与配置应根据室内空间的特点及花草树木的种类、姿态、色香等性能
进行。

1. 绿化植物的选择

绿化植物的选择应考虑多方面的因素。首先应考虑室内的朝向及光照条件。要选择那
些形态优美、装饰性强、季节性不太明显以及容易在室内成活的植物。一般装饰价值和观
赏价值都较高的观花植物常选择扶桑、月季、海棠等；观叶植物常采用文竹、万年青、金边
兰草等；观果植物常采用金橘、石榴；散香植物常采用米兰、茉莉等都能取得很好的效果。

其次考虑植物的形态、质感、色彩和品格与室内空间的用途和性质相协调。一般气氛
庄重的室内宜选择观叶类的罗汉松、龙柏或铁树等；气氛幽雅的室内宜采用观叶的竹、兰，
观花的水仙花等。而气氛热烈或活跃的室内在植物的选择上有较大灵活性。杜鹃、山茶、秋
菊、腊梅等都具有喜庆的特征。

第三，植物的选择应与室内的空间的大小、体量相适应。面积和体量都较大的厅堂宜选择造型优美的乔木类植物，再配以矮小的灌木或花卉；面积和体量都较小的居室、客房、书房等宜选择轻盈、小巧玲珑的花草。

2. 绿化植物的配置方式

（1）绿化植物的配置方式按照空间的方向不同分为水平绿化与垂直绿化两种。一般地面上的花草树木为水平绿化，而沿墙面、柱面攀缘、悬挂、垂吊的为垂直绿化，如图8-11所示。

水平绿化 　　　　　　　　　　　　　　　　　垂直绿化

图 8-11 水平绿化与垂直绿化

（2）按照植物数量的多少可分为孤植、对植和群植。孤植是指单独种植的造型优美的植物，常作为室内的近距离观赏。是室内采用最普遍的一种主景布置方式。孤植的植物姿态、色彩优美，个性鲜明，能给人留下深刻的印象。植株应具有体形优美、树冠轮廓富有变化、开花繁茂或香气浓郁等特性。例如广玉兰、银杏、雪松、红枫等。

对植是以乔木或灌木相互呼应的姿态种植在构图轴线的两侧所形成的绿化景观。一般为室内配景。可以是单株对植，也可以是组合对植。常用于建筑的出入口、楼梯及室内主要活动区域的两侧。对称布置时，植物的品种、大小、形态宜相同，非对称布置时，植物可选择形态各异的品种。

孤植 　　　　　　　　　　对植 　　　　　　　　　　群植

图 8-12 孤植、对植与群植

群植是两株或两株以上的乔木或灌木种植在一起的布置方式。它可以是同种花木群植，也可以是异种花木群植。同种群植能充分展示花木的性格特征；异种群植能够形成高低错落、层次分明的室内景观。群植一般作为室内装饰的背景，如图8-12所示。

（3）按照植物更换或移动的程度不同可分为固定和不固定配置。固定配置是将植物直接种植在室内植床内，如花池、花坛等。一般不经常更换。不固定配置是将植物种植在容器中，可随意地移动和更换，具有较强的灵活性。

第2节 室内水景与山石

室内水景与绿化植物一样具有美化环境、组织空间、改善室内小气候的作用。而水景更富于变化，更具有动感，更能使室内环境充满活力。不同的水景可以渲染和烘托出空间的气氛和情调，给人以极强的感染力。室内常用的水景包括瀑布、喷泉、壁泉、水池等。室内水景一般不独立存在，常与睡莲科水生植物组景，水面托花、托叶，花、叶的姿色能使水景更为生动。在水景中放置观赏鱼，游鱼戏水，令人赏心悦目。而在水中置石叠山，水柔石刚，共同组景，成为室内秀丽景观。室内山石主要有假山、石壁、石峰与散石等。

一、室内水景

（一）瀑布

瀑布是动感最强的水景，在大型公共建筑的室内常常模拟瀑布这一自然水景，形成室内主景。室内瀑布一般是将石山叠高，形成小山，山下挖池作潭，水自高泻下，击石喷溅，扣人心弦，与水池、溪流相比，更具有生命力与感染力。图8-13所示为广州白云宾馆的内庭瀑布景。

图 8-13 室内瀑布

（二）喷泉

喷泉是利用泉水向外喷射而供观赏的重要水景。它常与水池、雕塑、小品等同时设计，融合为一体，成为装饰与点缀室内的主景。喷泉的主要特点是活泼，变换无穷。喷泉除能与山石、雕塑相配组景外，还能用五光十色的灯光调节形成彩色喷泉；应音乐控制水流形成音乐喷泉。充分利用了声、光、色等现代科学技术形成变化万千的喷泉，使其独具魅力。

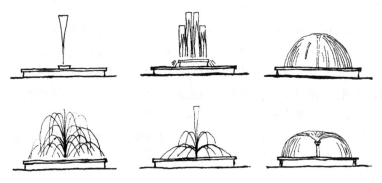

图 8-14 不同形式的喷泉

喷泉的形式可用机械控制，按使用者的要求对喷头、水柱、水花、喷洒强度等进行综合设计。图8-14为几种不同形式的喷泉造型。有的水姿粗犷，有的水姿纤细，有的水姿激烈，有的水姿柔和，能使室内增添无限生机。

随着科学技术的发展，又出现了由电子计算机控制的带音乐程控的喷泉、时钟喷泉、变换图案的喷泉等。喷泉有较大的适应性，一般可根据室内空间的性质、空间大小和空间形状设置不同规模、不同形式的喷泉。喷泉按组景的方式不同可分为普通装饰型喷泉，即可用各种花型图案组成固定的喷水型；与雕塑组合的喷泉，即由喷泉的水形和水柱结合雕塑共同组成景观；水雕塑，即由人工或机械塑造的形态各异的大型水柱、水幕、水花等；自控喷泉，即由各种电子技术按设计程序控制水、光、声、色形成的变化万千的奇异景观。

一般情况下喷泉的位置多设于室内轴线交点处或端部，也可根据环境特点制作一些喷泉小景，自由地布置以装饰空间。

（三）壁泉

壁泉与喷泉相似，也是室内重要水景之一。壁泉的喷水口安装在墙面上，由墙壁、喷水口、存水盘和蓄水池组成。墙壁一般为平面，也可做成凹形的壁龛。喷水口大多采用龙头、人头、狮子头等雕塑。与喷泉相比壁泉不如喷泉变化丰富，形态优美，但它能打破墙面的平淡、单调的气氛，表现出幽静、深远的装饰效果。图8-15是设于室内的壁泉。壁泉常设于室内景点的终端，起到封闭视线、结束景物的作用。

图 8 - 15　壁泉

图 8 - 16　室内水池

（四）水池

水池是在室内筑池蓄水所形成的最为平静的水景，但又不是毫无生气的寂静。它常与山石绿化、小桥池岸、亭台楼阁共同组景，加上游鱼戏水，倒影交错，静中有动而别具特色。水池设计主要是平面变化，其形状常为方形、圆形或曲折的自然形。水池中常配有荷花、浮萍等水生植物，池岸采用不同的材料筑成，可表现出不同的风格意境。池水可有不同的深浅以形成滩、池、潭等多种水景。室内水池的大小及形式应根据空间的大小，所需创造的意境确定。大型水池可以沟通多个空间，成为室内的主景；小型水池可以填充空间而成为配景。图8-16是室内与山石组景的水池。

二、室内山石

（一）假山

假山是以自然山石经人工撮合而形成的景观。假山与水组景是我国的传统设计手法。在室内设置假山，首先应有较为高大的空间，一般常在中庭、四季厅等大型厅堂内设置。当假山与绿化、水景配合组景时，假山只起背景作用。图8-17所示是假山在室内构成的景观。石筑山应注意石材的选择，一般常选用太湖石、英石、锦川石、剑石等。叠石的手法可采用卧、蹲、挑、悬、垂、窝、眼等。

图 8-17 室内假山

（二）石壁

石壁是指依山的室内空间，利用自然山体砌筑壁势挺直如削的界面。石壁可凹凸起伏，也可局部悬挑、挂垂，形成悬崖峭壁的自然形态。石壁常用于游览或娱乐性空间，以创造轻松、活泼的气氛。

（三）峰石

峰石是垂直竖立，形似山峰的石景。单独设置峰石应选择造型、纹理优美的石材。按照上大下小的原则竖立，以增加峰石的动感，但又不失其平衡与稳定。造型独特的峰石可独立设置而形成石雕，也可与绿化、水体共同组景。

（四）散石

散石是大小不等零星布置的石体。散石在室内可起小品的点缀作用。在组织散石时，应注意大小数量相间，错落有致，随意设置，但又必须符合构图的基本规律。散石可设于水池岸边，侵水半露或嵌入土中，立于草丛，色彩纹理变化，能形成自然、和谐的室内景观。

第3节　室内小品与亭榭

一、室内小品

室内小品的形式很多，各类小品在室内或表达室内主题，或组织空间，或点缀、装饰，丰富游览内容，或充当小型的实用设施。按其性质不同一般可分为三类。一类是装置点缀的艺术小

雕塑　　　　　　　　木雕　　　　　　　　浮雕

图 8-18 艺术小品

品，如雕塑、水雕造型、石景、浮雕、壁画等。艺术小品又分为主题性、纪念性和装饰性三种。这类小品的设置应符合室内的使用特征，应有利于烘托室内的意境。如图8-18所示

是表达一定主题的雕塑。

第二是具有一定功能的装饰点缀小品，如花坛、石凳、花架等。这类小品的设计应注意造型的艺术性，布置应满足室内使用的要求。图8-19所示是几种具有功能性质的装饰小品。

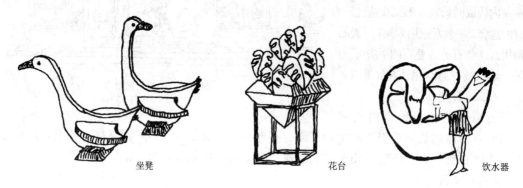

坐凳　　　　　　　　　　花台　　　　　　　　　　饮水器

图 8-19　功能性装饰小品

第三是功能所需要的小品，如栏杆、指示牌、园灯、果皮箱等。这类小品一般设于人们的必经之地，处于人们的视野范围内，其形态的完美与否直接影响室内的整体效果。图8-20所示是不同的功能性小品。

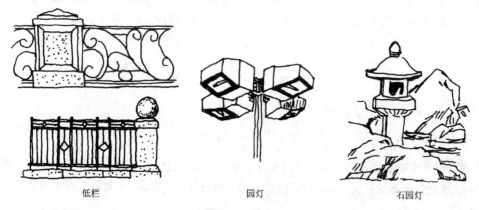

低栏　　　　　　　　　　园灯　　　　　　　　　　石园灯

图 8-20　功能性小品

小品的造型、大小、色彩与布置在室内环境中都是十分重要的。每一小品都有它自身的功能和形式美，作为室内的组成部分，又必须与总体效果统一协调。

二、室内亭榭

在室内景观设计中常常采用游览观光建筑作为室内主景。观光建筑不仅给游人提供休息、观景的场所，同时也是景点或成景的构图中心。它既具有休息功能，又具有观赏价值。游览观光建筑包括亭、廊、榭、舫、厅堂、楼阁等。其中室内应用最广泛的是亭和榭。

（一）亭

亭是一种敞开的小品建筑，四面开敞，通风透光，造型小巧别致，是我国古典园林中常用的游览观光建筑。亭的实用功能是纳凉、游憩,在室外可躲风雨、避烈日。由于亭的装饰讲究,因此它起到点缀园林和室内,建立观景点的作用。

建造亭的材料很多,常用钢筋混凝土、混凝土、砖、石、竹、木做骨架,青瓦、琉璃、茅草等做屋顶而形成不同的风格。亭的造型很多,根据平面形状不同可分为三角亭、方亭、长方亭、六角亭、八角亭、圆亭、扇亭等。根据亭顶的形式不同可分为单檐亭、重檐亭、攒尖顶亭、穹隆顶亭等。如图8-21所示是不同形式的亭。

图 8-21 不同形式的亭

室内空间设置亭需要较大的空间,一般常设于大型的中庭或内庭院。亭子的形式和体量以及亭的细部装饰必须与室内环境协调。图8-22为广州白天鹅宾馆前庭院中利用山势在一机房上巧妙修筑的一个方亭。它利用混凝土结构,仿竹青黄色,富有自然情趣,并给室内增添了我国传统庭园的气氛。

(二)榭

榭是建造在台上的房子。挑出水面的榭称为水榭。水榭是游览观光建筑中常见的一种临水建筑形式。水榭上设坐椅,供游人坐息,凭栏依水,观水景,观游鱼,观倒影,静中有动,动静交融。水榭常设于大型公共建筑的中庭或内庭院,作为室内主景。图8-23所示是不同形式的水榭。

图 8-22 室内的亭

图 8-23 不同形式的水榭

第4节 装饰工程典型实例分析

一、大堂景观设计

大堂是旅馆、饭店、酒店、宾馆等建筑的门厅，是旅客出入的厅堂，是室内外的过渡空间，也是旅馆建筑的门面。大堂是室内设计的重点部位之一，除注重大堂的功能、设施齐全，界面装饰豪华外，还应加强大堂的景观设计。

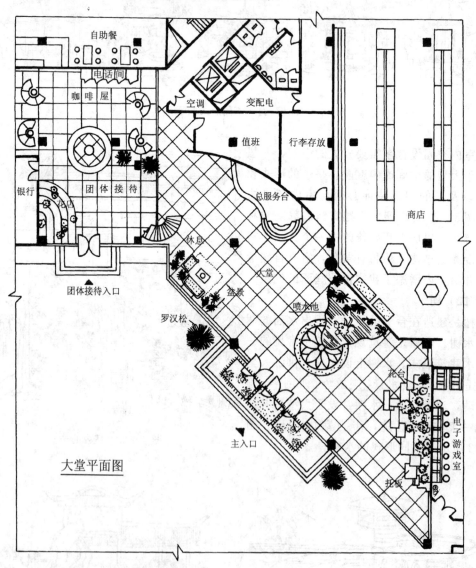

图 8-24 大堂景观平面图

（一）大堂空间的功能划分

大堂按其功能不同可分为服务区、休息区、购物区、餐饮区及视觉中心区等。图 8-24

所示是一个三星级宾馆的大堂平面，其功能区域分为总服务台、休息座、商店、花店、咖啡座、电子游戏室等。

（二）大堂的空间环境

大堂是集休闲、娱乐、餐饮的空间，其环境应具有舒适、亲切、新颖、自然、清新的气氛，同时应讲究艺术特色。大堂的景观设计宜直接引进自然要素，使其自然、真实。

（三）大堂的景观设计

在大堂进行景观设计时，主要在入口、大堂的视觉中心、休息区及剩余空间布置景点。入口处一般对称布置花坛、花台、可移动更换的盆栽植物。图8-24的主入口处对植了两盆造型优美的罗汉松，以显示出室内的高雅气氛。进入室内后，直接进入眼帘的是一设有假山、绿色植物的异形水池，作为室内的视觉中心。大堂右边不利于使用的三角形空间设置了高低不等的花台和托板，花台可直接种植各种花草，托板上可搁置随意更换的盆栽花卉，春季的杜鹃、夏季的米兰、秋季的菊花、冬季的梅花都能使室内具有浓郁的生活气息。大堂内的休息区随意地布置可移动变换的盆载植物，种植风姿卓越的君子兰，绚丽多彩的红、黄月季，更富有人情味。

二、中庭景观设计

中庭是在建筑内部创造的一个属于建筑自身的室外空间。是室内空间室外化的一种形式。一般在旅馆、商店、博物馆、图书馆、展览馆等大型公共建筑中设置。

（一）中庭景观的形式

中庭景观的形成可采用直接引进自然要素、模拟自然景物和借景的方式。

直接引进自然要素是将自然界的日月星辰、山石水景、花草树木等自然要素直接布置在室内。例如，广州白天鹅的中庭是以"故乡水"为主题进行室内景观设计的，将山、水、树、桥、亭等自然要素有机地融为一体，形成了别具风格的江南风光。图8-22中庭高三层，四周走廊开敞，围绕敞廊遍植悬吊植物，悬崖蹬道，亭台桥榭，高低错落，气势磅礴的瀑布使室内景观突出了"故乡水"的主题。

模拟自然景物是采用金属、塑料、纺织品等材料制造花草树木、飞禽走兽而形成的自然景观。例如，北京电视台的四季厅采用了我国传统的绘画手段制作了一幅大型的水墨山水壁画，以表现远处的山水，再配上竹、石景和古建筑的外立面，创造出生动的江南园林景观。

借景是利用中庭的玻璃幕墙、玻璃屋顶将室外的自然要素引入人们的视野而形成的景观。通过玻璃幕墙能看到室外的山河流水，通过玻璃屋顶能看到蓝天白云、日月星辰，都能与室内景观融为一体。

（二）中庭景观设计

由于中庭可在不同性质的建筑内设置，因此中庭景观设计必须满足空间功能的要求。一般休闲类建筑的中庭宜在室内的视觉中心设置水景、雕塑、花台、奇花异树等作为室内主景，再配上小型花台、各类盆栽构成室内景观。其余空间布置休息座、咖啡座、茶座等。而在商场、图书馆等建筑的室内中庭，应首先满足购物或阅读的要求，其景观只能作为配景。如利用边角设置小型水景、小型雕塑，在通行空间中设置盆栽植物等。

图8-25、图8-26所示为一商业空间的中庭景观设计实例的施工图。图8-25施工图包括设计说明、景观项目一览表和组成室内景观各部分的施工图大样。设计说明介绍了整

个景观工程的概况。景观一览表中列出了景观工程中的所有项目。大样图详细表达了水池、花台、假山的做法。图8-26是室内景观的平面布置图。在图中6m的柱距内为一玻璃中庭形成的室内步行街，两侧为商店。步行街的中间线形布置绿篱，并相间种植玉兰树。绿篱的两侧布置座椅，形成了良好的购物空间。框架柱旁与楼梯下点式布置可移动盆栽植物，四季可更换。由步行街视线向内延伸可看到室内终端楼梯下的水池、假山及植物。加上由玻璃中庭引进的阳光、兰天、白云，使室内购物环境舒适而富有生气。

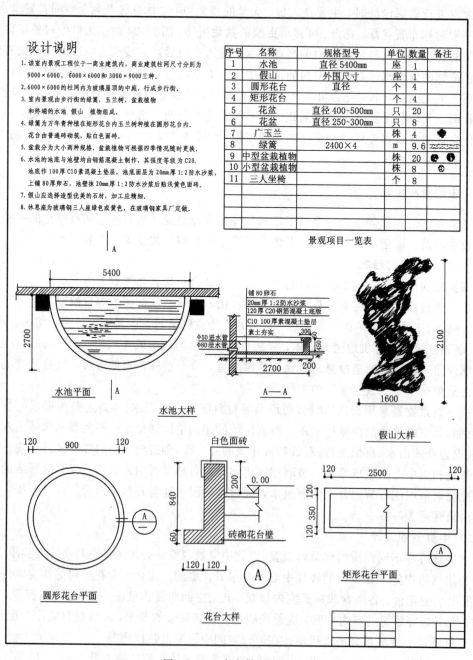

设计说明

1. 该室内景观工程位于一商业建筑内，商业建筑柱网尺寸分别为
   9000×6000、6000×6000和3000×9000三种。
2. 6000×6000的柱网内为玻璃屋顶的中庭，行成步行街。
3. 室内景观由步行街的绿篱，玉兰树，盆栽植物
   和终端的水池 假山 植物组成。
4. 绿篱作万年青种植在矩形花台内玉兰树种植在圆形花台内。
   花台由普通砖砌筑，贴白色面砖。
5. 盆栽分为大小两种规格，盆栽植物可根据四季情况随时更换。
6. 水池的池底与池壁均由钢筋混凝土制作，其强度等级为C20。
   池底作100厚C10素混凝土垫层，池底面层为20mm厚1:2防水沙浆，
   上铺80厚卵石，池壁抹20mm厚1:2防水沙浆后贴浅黄色面砖。
7. 假山应选择造型优美的石材，加工应精细。
8. 休息座为玻璃钢三人座绿色或黄色，在玻璃钢家具厂定做。

序号	名称	规格型号	单位	数量	备注
1	水池	直径5400mm	座	1	
2	假山	外围尺寸	座	1	
3	圆形花台	直径	个	4	
4	矩形花台		个	4	
5	花盆	直径400~500mm	只	20	
6	花盆	直径250~300mm	只	8	
7	广玉兰		株	4	
8	绿篱	2400×4	m	9.6	
9	中型盆栽植物		株	20	
10	小型盆栽植物		株	8	
11	三人坐椅		个	8	

景观项目一览表

5400

2700

水池平面

铺80卵石
20mm厚1:2防水沙浆
120厚C20钢筋混凝土底版
C10 100厚素混凝土垫层
素土夯实

Φ50进水管
Φ80泄水管

300
450

2700 200

A—A

水池大样

2100

1600

假山大样

120 900 120

圆形花台平面

白色面砖

840

200

0.00

60 120 120

砖砌花台壁

A

120 2500 120

120 350 120

A

矩形花台平面

花台大样

图 8-25 中庭景观施工图（一）

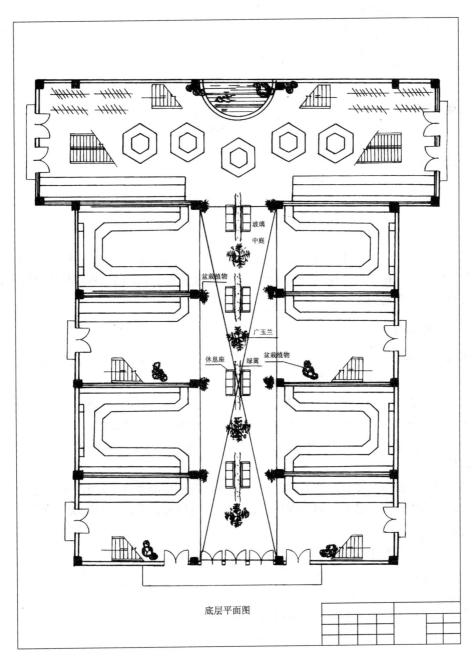

玻璃
中庭

盆栽植物

广玉兰

休息座　绿篱　盆栽植物

底层平面图

图 8-26　中庭景观施工图（二）

复习思考题

1. 室内绿化有何作用？

2. 室内绿化有哪些布置方式？

3. 如何正确选择绿化植物？

4. 室内常采用哪些水景？各有何特点？

5. 室内常采用哪些山石？各有何特点？

6. 小品有哪些主要类型？

7. 室内设置亭榭有何作用？

8. 如何进行大堂景观设计？

9. 如何进行中庭景观设计？

作业（四）

中庭景观设计

一、设计要求

根据附图 8－27 的中庭平面布置图进行室内景观设计。

该项目为一三星级多层宾馆的中庭，柱网尺寸 7200mm×7200mm，包括服务台、客房、电梯间、卡拉 OK 间、室内公共活动空间、公共卫生间等，使用面积 397m² 左右。

通过室内景观设计要求学生能够掌握室内景观的构成要素及设计的基本内容与基本方法，能够正确地根据空间性质进行室内组景，合理地布置空间，创造良好的室内绿化环境，为旅客提供优美的休息空间。

二、图纸要求

图幅统一为 2 号图（含图纸封面设计和图纸目录），平面图比例为 1∶100 或 1∶200，其他图的比例自定，设计深度主要包括以下内容：

（1）设计说明：说明设计构思的基本方法、室内组景的特点、各类景观构成要素选择的基本原理、施工的注意事项，绘制出各类植物、设施或小品的图例符号等。

（2）主要景观项目一览表：根据设计汇总各种植物、设施，标明性质、单位、规格、数量、质量要求等。

（3）景观平面布置图：布置各类植物、设施，确定其位置及相互的平面关系。

（4）构造大样图：各类设施的大样图。要求标明材料名称、断面形状、几何尺寸和详细做法说明等。

（5）中庭鸟瞰效果图一张。

三、进度安排

进度可由各教学单位根据具体情况自行安排。

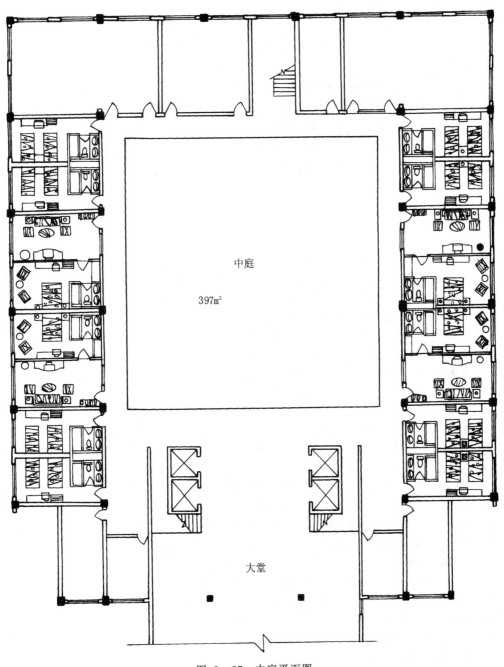

中庭

397m²

大堂

图 8 - 27 中庭平面图

主 要 参 考 文 献

1　张绮曼，郑曙旸．室内设计资料集．北京：中国建筑工业出版社，1991

2　彭一刚．建筑空间组合论．北京：中国建筑工业出版社，1983

3　史春珊，陈惠明，侯其明等．室内设计基本知识．沈阳：辽宁科学技术出版社，1989

4　吴龙声，谢凤飞．装饰设计．南京：东南大学出版社，1997

5　朱保良，朱钟炎，王邦雄等．室内环境设计．上海：同济大学出版社，1991

6　窦以德．詹姆士·斯特林．北京：中国建筑工业出版社，1993

7　王澍．空间诗话．建筑师，1994，61：85～93

8　彭一刚．创意与表现．哈尔滨：黑龙江科学技术出版社，1994

9　王天赐．贝聿铭．北京：中国建筑工业出版社，1990

10　邱秀文等．矶崎新．北京：中国建筑工业出版社，1990

11　张绮曼，郑曙旸．室内设计经典集．北京：中国建筑工业出版社，1994

12　赵国权．建筑室内装饰设计．北京：中国建筑工业出版社，1992

13　孟钺，李说文，任世忠．室内装饰设计规范程序．深圳：海天出版社，1995

14　伊苇，万德润等．家具设计．北京：轻工出版社，1985

15　浙江美术学院环境艺术系．室内设计基础．杭州：浙江美术学院出版社，1990

16　房志勇，林川．建筑装饰——原理·材料·构造·工艺．北京：中国建筑工业出版社，1992

17　马怡红，张剑敏，陈保胜．建筑装饰设计．北京：中国建筑工业出版社，1995

18　霍维国．室内设计．西安：西安交通大学出版社，1985

19　史春珊，袁纯碬．现代室内设计与施工．哈尔滨：黑龙江科学技术出版社，1988

20　薛晓峰，陈煜堂，宏亮．星级宾馆酒店室内设计精华．哈尔滨：黑龙江科学技术出版社，1995

21　王其钧，谢燕飞．现代室内装饰．天津：天津大学出版社，1992

22　韩风．建筑电气手册．北京：中国建筑工业出版社，1991

23　李恩林．电气装饰工程手册．沈阳．辽宁科学技术出版社，1994

24　储淑生，陈樟德．园林造景图说．上海：上海科学技术出版社，1988

25　胡长龙．园林规划设计．北京：中国农业出版社，1995

26　来增祥，陆震纬．室内设计原理．北京：中国建筑工业出版社，1996

27　建筑装饰手册（1）．北京：中国建筑工业出版社，2000

28　文祥生编著．现代建筑楼梯设计精选．南昌：江西科学技术出版社，2000

29　成涛编著．现代室内设计与实物．广州：广东科技出版社，2000

30　室内设计与装修2000（5）50

31　室内设计与装修2000（4）68

32　室内设计与装修2000（9）27

33　室内设计与装修2001（2）19

34　室内设计与装修2002（10）14

35　建筑技术与设计1999（10）81